华为高校人才培养指定教材

华为ICT认证系列丛书

数据库原理与技术实践教程

——基于华为GaussDB

华为技术有限公司 编著

DATABASE
PRINCIPLE AND
PRACTICE BASED ON
HUAWEI GAUSSDB

人民邮电出版社

北京

图书在版编目（CIP）数据

数据库原理与技术实践教程：基于华为GaussDB / 华为技术有限公司编著. -- 北京：人民邮电出版社，2021.6
（华为ICT认证系列丛书）
ISBN 978-7-115-55959-3

Ⅰ. ①数… Ⅱ. ①华… Ⅲ. ①关系数据库系统－教材 Ⅳ. ①TP311.138

中国版本图书馆CIP数据核字(2021)第019520号

内 容 提 要

本书是《数据库原理与技术——基于华为GaussDB》的配套实验教材。实验教材内容围绕理论教材的教学内容进行组织，以GaussDB（for MySQL）数据库作为实验环境，精心设计了多个实验。全书共分为4个部分。第1部分为基本知识点与习题解析，是对理论教材8章课后习题的解析和补充。第2部分为实验环境建设，是针对GaussDB（for MySQL）数据库的环境配置。第3部分为数据库课程实验，包括SQL语法基础实验、用户密码实验和审计实验等。第4部分是场景化综合实验，共有3个实验：实验一以学校数据库模型为例，主要帮助读者从浅层面熟悉GaussDB（for MySQL）数据库的基本操作，即简单的单表查询、条件查询、分组查询和连接查询；实验二以金融数据库模型为例，该实验在学校数据库模型实验的基础上，加大了数据查询操作的难度，主要目的是让读者由浅至深地熟悉GaussDB（for MySQL）数据库；实验三以创建用户并授权为例，让新用户能够访问数据库的表信息，主要目的是让读者掌握新用户的创建和授权方法。

本书可作为计算机及相关专业本科生的数据库系统原理课程的配套实验教材，也可供数据库爱好者自学和参考。

◆ 编　著　华为技术有限公司
　　责任编辑　邹文波
　　责任印制　王　郁　马振武
◆ 人民邮电出版社出版发行　　北京市丰台区成寿寺路11号
　　邮编　100164　　电子邮件　315@ptpress.com.cn
　　网址　https://www.ptpress.com.cn
　　北京七彩京通数码快印有限公司印刷
◆ 开本：787×1092　1/16
　　印张：9.5　　　　　　　　　2021年6月第1版
　　字数：194千字　　　　　　　2024年12月北京第4次印刷

定价：49.80元

读者服务热线：(010)81055256　印装质量热线：(010)81055316
反盗版热线：(010)81055315
广告经营许可证：京东市监广登字20170147号

丛书序一

以互联网、人工智能、大数据为代表的新一代信息技术的普及应用不仅改变了我们的生活,而且改变了众多行业的生产形态,改变了社会的治理模式,甚至改变了数学、物理、化学、生命科学等基础学科的知识产生方式和经济、法律、新闻传播等人文学科的科学研究范式。而作为这一切的基础——ICT及相关产业,对社会经济的健康发展具有非常重要的影响。

当前,以华为公司为代表的中国企业,坚持核心技术自主创新,在以芯片和操作系统为代表的基础硬件与软件领域,掀起了新一轮研发浪潮;新一代E级超级计算机将成为促进科技创新的重大算力基础设施,全新计算机架构"蓄势待发";天基信息网、未来互联网、5G移动通信网的全面融合不断深化,加快形成覆盖全球的新一代"天地一体化信息"网络;人类社会、信息空间与物理世界实现全面连通并相互融合,形成全新的人、机、物和谐共生的计算模式;人工智能进入后深度学习时代,新一代人工智能理论与技术体系成为占据未来世界人工智能科技制高点的关键所在。

当今世界正处在新一轮科技革命中,我国的科技实力突飞猛进,无论是研发投入、研发人员规模,还是专利申请量和授权量,都实现了大幅增长,在众多领域取得了一批具有世界影响的重大成果。移动通信、超级计算机和北斗系统的表现都非常突出,我国非常有希望抓住机遇,通过自主创新,真正成为一个科技强国和现代化强国。在ICT领域,核心技术自主可控是非常关键的。在关键核心技术上,我们只能靠自己,也必须靠自己。

时势造英雄,处在新一轮的信息技术高速变革的时期,我们都应该感到兴奋和幸福;同时更希望每个人都能建立终身学习的习惯,胸怀担当,培养自身的工匠精神,努力学好ICT,勇于攀登科技新高峰,不断突破自己,在各行各业的广阔天地"施展拳脚",攻克技术难题,研发核心技术,更好地改造我们的世界。

由华为公司和人民邮电出版社联合推出的这套"华为ICT认证系列丛书",应该会对读者掌握ICT有所帮助。这套丛书紧密结合了教育部高等教育"新工科"建设方针,将新时代人才培养的新要求融入内容之中。丛书的编写充分体现了"产教融合"的思想,来自华为公司的技术工程师和高校的一线教师共同组成了丛书的编写团队,将数据通信、大数据、人工智能、云计算、数据库等领域的最新技术成果融入书中，将 ICT 领域的基础理论与产业界的最新实践融为一体。

这套丛书的出版，对完善 ICT 人才培养体系，加强人才储备和梯队建设，推进贯通 ICT 相关理论、方法、技术、产品与应用等的复合型人才培养，推动 ICT 领域学科建设具有重要意义。这套丛书将产业前沿的技术与高校的教学、科研、实践相结合，是产教融合的一次成功尝试，其宝贵经验对其他学科领域的人才培养也具有重要的参考价值。

倪光南 中国工程院院士

2021 年 5 月

丛书序二

从数百万年前第一次仰望星空开始，人类对科技的探索便从未停止。新技术引发历次工业革命，释放出巨大生产力，推动了人类文明的不断进步。如今，ICT 已经成为世界各国社会与经济发展的基础，推动社会和经济快速发展，其中，数字经济的增速达到了 GDP 增速的 2.5 倍。以 5G、云计算、人工智能等为代表的新一代 ICT 正在重塑世界，"万物感知、万物互联、万物智能"的智能世界正在到来。

当前，智能化、自动化、线上化等企业运行方式越来越引起人们的重视，数字化转型的浪潮从互联网企业转向了教育、医疗、金融、交通、能源、制造等千行百业。同时，企业数字化主场景也从办公延展到了研发、生产、营销、服务等各个经营环节，企业数字化转型进入智能升级新阶段，企业"上云"的速度也大幅提升。预计到 2025 年，97%的大企业将部署人工智能系统，政府和企业将通过核心系统的数字化与智能化，实现价值链数字化重构，不断创造新价值。

然而，ICT 在深入智能化发展的过程中，仍然存在一些瓶颈，如摩尔定律所述集成电路上可容纳晶体管数目的增速放缓，通信技术逼近香农定理的极限等，在各行业的智能化应用中也会遭遇技术上的难题或使用成本上的挑战，我们正处于交叉科学与新技术爆发的前夜，亟需基础理论的突破和应用技术的发明。与此同时，产业升级对劳动者的知识和技能的要求也在不断提高，ICT 从业人员缺口高达数千万，数字经济的发展需要充足的高端人才。从事基础理论突破的科学家和应用技术发明的科研人员，是当前急需的两类信息技术人才。

理论的突破和技术的发明，来源于数学、物理学、化学等学科的基础研究。高校有理论人才和教学资源，企业有应用平台和实践场景，培养高质量的人才需要产教融合。校企合作有助于院校面向产业需求，深入科技前沿，讲授最新技术，提升科研能力，转化科研成果。

华为构建了覆盖 ICT 领域的人才培养体系，包含 5G、数据通信、云计算、人工智能、移动应用开发等 20 多个技术方向。从 2013 年开始，华为与"以众多高校为主的组织"合作成立了 1600 多所华为 ICT 学院，并通过分享最新技术、课程体系和工程实践经验，培养师资力量，搭建线上学习和实验平台，开展创新训练营，举办华为 ICT 大赛、教师研讨会、人才双选会等多种活动,面向世界各地的院校传递全面、领先的ICT方案,致力于把学生培养成懂融合创新、能动态成长,既具敏捷性、又具适应性的新型ICT人才。

高校教育高质量的根本在于人才培养。对于人才培养而言,专业、课程、教材和技术是基础。通过校企合作,华为已经出版了多套大数据、物联网、人工智能及通用ICT方向的教材。华为将持续加强与全球高等院校和科研机构以及广大合作伙伴的合作,推进高等教育"质量变革",打造高质量的华为ICT学院教育体系,培养更多高质量ICT人才。

华为创始人任正非先生说:"硬的基础设施一定要有软的'土壤',其灵魂在于文化,在于教育。"ICT是智能时代的引擎,行业需求决定了其发展的广度,基础研究决定了其发展的深度,而教育则决定了其发展的可持续性。"路漫漫其修远兮,吾将上下而求索",华为期望能与各教育部门、各高等院校合作,一起拥抱和引领信息技术革命,共同描绘科技星图,共同迈进智能世界。

最后,衷心感谢"华为ICT认证系列丛书"的作者、出版社编辑以及其他为丛书出版付出时间和精力的各位朋友!

马悦

华为企业BG常务副总裁

华为企业BG全球伙伴发展与销售部总裁

2021年4月

前言 FOREWORD

数据库知识已成为人们知识结构中不可缺少的部分。知识的学习在于应用，数据库原理与技术课程是一门实践性非常强的课程，因此进行上机实验尤为重要。为了培养创新型、应用型人才，满足高校在数据库原理与技术类课程教学、上机实验方面的要求，我们编写了本书。

本书是《数据库原理与技术——基于华为 GaussDB》的配套实践教材，书中精选各种类型的实验与习题，涵盖教学大纲中的各个知识点，有一定的深度和广度。读者通过上机练习，能有效地掌握数据库相关知识。

本书基于 GaussDB(for MySQL)数据库的特性和应用场景，基本覆盖了华为 HCIA-GaussDB V1.5 认证考试的内容。

本书由华为技术有限公司编著，马瑞新承担了具体的编写和统稿工作。由于编写时间有限，书中难免存在不足之处，欢迎读者批评指正。

本书配套资源可在人邮教育社区（www.ryjiaoyu.com）下载。

读者可扫码下方二维码学习更多相关课程。

华为技术有限公司
2021 年 1 月

目 录 CONTENTS

第 1 部分 基本知识点与习题解析 ………………… 1

1.1 数据库介绍 ………………… 1
1.1.1 基本知识点 …………… 1
1.1.2 习题解答和解析 ……… 1

1.2 数据库基础知识 …………… 4
1.2.1 基本知识点 …………… 4
1.2.2 习题解答和解析 ……… 4

1.3 SQL 语法入门 ……………… 6
1.3.1 基本知识点 …………… 6
1.3.2 习题解答和解析 ……… 6

1.4 SQL 语法分类 ……………… 8
1.4.1 基本知识点 …………… 8
1.4.2 习题解答和解析 ……… 8

1.5 数据库安全基础 …………… 11
1.5.1 基本知识点 …………… 11
1.5.2 习题解答和解析 ……… 12

1.6 数据库开发环境 …………… 12
1.6.1 基本知识点 …………… 12
1.6.2 习题解答和解析 ……… 13

1.7 数据库设计基础 …………… 15
1.7.1 基本知识点 …………… 15
1.7.2 习题解答和解析 ……… 15
1.7.3 补充习题 ……………… 21

1.8 华为数据库产品 GaussDB 介绍 … 24
1.8.1 基本知识点 …………… 24
1.8.2 习题解答和解析 ……… 24

第 2 部分 实验环境建设 ……… 27

2.1 简介 ………………………… 27
2.2 实验环境说明 ……………… 27
2.3 GaussDB(for MySQL)数据库安装 … 27
2.3.1 购买 GaussDB(for MySQL) 数据库 …………………… 27
2.3.2 配置 DAS ……………… 30
2.3.3 购买弹性公网 IP ……… 32
2.3.4 绑定 GaussDB(for MySQL) 数据库与公网 IP ………… 34

第 3 部分 数据库课程实验 …… 38

3.1 SQL 语法基础实验 ………… 38
3.1.1 实验介绍 ……………… 38
3.1.2 数据准备 ……………… 38
3.1.3 数据查询 ……………… 52
3.1.4 数据更新 ……………… 61
3.1.5 数据定义 ……………… 66
3.1.6 数据控制 ……………… 78
3.1.7 实验小结 ……………… 81

3.2 用户密码实验 ……………… 81
3.2.1 实验介绍 ……………… 81
3.2.2 设置密码复杂度和修改密码 … 82
3.2.3 设置密码有效期 ……… 83

3.3 审计实验 …………………… 84
3.3.1 实验介绍 ……………… 84

3.3.2 开启审计 ································· 85
3.3.3 验证审计 ································· 86

第4部分 场景化综合实验 ······ 88

4.1 实验介绍 ····································· 88
4.2 学校数据库模型 ····························· 89
 4.2.1 关系模式 ································· 89
 4.2.2 E-R 图 ····································· 89
4.3 学校数据库模型表操作 ···················· 90
 4.3.1 表的创建 ································· 90
 4.3.2 表数据的插入 ·························· 94
 4.3.3 手动插入一条数据 ················· 102
 4.3.4 数据查询 ······························ 103
 4.3.5 数据的修改和删除 ················· 106
 4.3.6 使用 JDBC 访问数据库 ········· 107
 4.3.7 使用视图操作数据库 ············· 112

4.3.8 使用 Python 连接数据库 ········ 117
4.4 金融数据库模型 ···························· 120
 4.4.1 关系模式 ······························ 120
 4.4.2 E-R 图 ··································· 121
4.5 金融数据库模型表操作 ·················· 122
 4.5.1 表的创建 ······························ 122
 4.5.2 表数据的插入 ······················· 125
 4.5.3 手动插入一条数据 ················· 129
 4.5.4 数据查询 ······························ 130
 4.5.5 数据的修改和删除 ················· 134
 4.5.6 触发器和存储过程的使用 ······· 136
4.6 新用户的创建和授权 ····················· 141
 4.6.1 创建新用户并授权 ················· 141
 4.6.2 新用户连接数据库 ················· 141
4.7 实验小结 ···································· 142

01 第1部分 基本知识点与习题解析

本部分是对《数据库原理与技术——基于华为 GaussDB》教材 8 章内容和课后习题的解析和补充,共分为 8 节,每节都先对理论教材每章的知识点做简单介绍,然后针对教材每章的课后习题进行解答和解析。

1.1 数据库介绍

1.1.1 基本知识点

数据库技术是计算机科学中历史久远的一门学科,从诞生至今,已经发展了将近 60 年。随着近年来"互联网+"、大数据、人工智能和数据挖掘等技术的不断发展,数据库技术和产品更是日新月异。本节对应《数据库原理与技术——基于华为 GaussDB》教材第 1 章的内容。该章的目的是让读者在进一步深入了解 GaussDB 数据库产品之前,先对数据库基本知识和概念有所认识。

《数据库原理与技术——基于华为 GaussDB》教材的第 1 章主要包括以下内容。

(1)数据库技术概述。
(2)数据库技术发展史。
(3)关系型数据库架构。
(4)关系型数据库主流应用场景。

1.1.2 习题解答和解析

1.(多选题)存放在数据库中的数据的特点是( )。
　　A. 永久存储　　　　　　　　　　B. 有组织

  C．独立性   D．可共享

答案   ABD

答案解析   数据库（Database）是长期存储在计算机内，有组织的、可共享的大量数据的集合。数据库具有以下 3 个特点。

（1）长期存储：数据库要提供数据长期存储的可靠机制，在系统出现故障以后，能够进行数据恢复，保证存入数据库的数据不会丢失。

（2）有组织：这是指用一定的数据模型来组织描述和存储数据。按照模型存储可以让数据具有较小的冗余度、较高的数据独立性和易扩展性。

（3）可共享：数据库中的数据是供各类用户共享使用的，而不是某个用户专有的。

因此独立性不是数据库中数据的特点。

2．（多选题）属于数据库系统这个概念范围的组成部分有（   ）。

  A．数据库管理系统   B．数据库
  C．应用开发工具   D．应用程序

答案   ABCD

答案解析   数据库系统是由数据库、数据库管理系统及其应用开发工具、应用程序和数据库管理员组成的存储、管理、处理和维护数据的系统。

3．（判断题）数据库应用程序可以不经过数据库管理系统而直接读取数据库文件。（   ）

  A．True   B．False

答案   B

答案解析   数据库应用程序必须经过数据库管理系统读取数据库文件。

4．（多选题）数据管理的发展经历了哪几个阶段？（   ）

  A．人工阶段   B．智能系统   C．文件系统阶段   D．数据库系统阶段

答案   ACD

答案解析   数据管理的发展经历了人工阶段、文件系统阶段、数据库系统阶段，而智能系统是追求的目标，并不是经历的阶段。

5．（单选题）允许一个以上节点无"双亲"节点，一个节点可以有多于一个的"双亲"节点。这些特性对应的是哪种数据模型？（   ）

  A．层次模型   B．关系模型   C．面向对象模型   D．网状模型

答案   D

答案解析   网状模型的数据结构类似一张网络图，允许一个以上的节点无"双亲"节点，一个节点可以有多于一个的"双亲"节点。

6．（多选题）下面选项中属于 NoSQL 的是（   ）。

  A．图数据库   B．文档数据库   C．键值数据库   D．列分组数据库

答案   ABCD

答案解析　4 类常见的 NoSQL 是按照存储模型划分的，包括键值数据库、图数据库、列分组数据库和文档数据库。

7. （判断题）NoSQL 和 NewSQL 数据库的出现能够彻底颠覆和替代原有的关系型数据库系统。（　　）

　　A．True　　　　　　　　　　B．False

答案　B

答案解析　NoSQL 和 NewSQL 数据库与关系数据库是相辅相成的，并没有替代作用。

8. （判断题）主备架构可以通过读/写分离方式来提高整体的读/写并发能力。（　　）

　　A．True　　　　　　　　　　B．False

答案　B

答案解析　严格来说主从架构可以读/写分离，主备中的备是用来提高数据可用性的，不保证服务的性能提升。

9. （单选题）哪种数据库架构具有良好的线性扩展能力？（　　）

　　A．主从架构　　　　　　　　B．无共享架构

　　C．共享存储的多活架构　　　D．主备架构

答案　B

答案解析　无共享（Shared-Nothing）架构是一种完全无共享的架构，集群中每一个节点（处理单元）都完全拥有自己独立的 CPU、内存和外存，不存在共享资源。各节点（处理单元）处理自己本地的数据，处理结果可以向上汇总或者通过通信协议在节点间流转。各节点是相互独立的，扩展能力强，所以整个集群拥有强大的并行处理能力。

10. （判断题）分片架构的特点就是通过一定的算法使数据分散在集群的各个数据库节点上，利用集群内服务器数量的优势进行并行计算。（　　）

　　A．True　　　　　　　　　　B．False

答案　A

答案解析　该题干描述的就是分片架构的性能优势。

11. （多选题）衡量 OLTP 系统的测试指标包括（　　）。

　　A．tpmC　　B．Price/tmpC　　C．qphH　　D．qps

答案　AB

答案解析　TPC-C 规范是面向 OLTP 系统的，包括流量指标 tpmC、性价比指标[Price（测试系统价格）/tpmC]，后者是达到一个基本单位需要花费的成本。

12. （多选题）OLAP 系统适用于下面哪些场景？（　　）

　　A．报表系统　　　　　　　　B．在线交易系统

　　C．多维分析，数据挖掘系统　　D．数据仓库

答案　ACD

答案解析 OLTP是细节分析，也就是分析每一个最基础的交易事件，而OLAP是综合分析，其综合的、汇总的分析更多。在实效性方面，OLTP强调的是短暂技术性，交易完成后事务结束。在数据更新需求上，OLAP一般情况下无须更新。B选项的场景是OLTP的场景，所以不是正确答案。

13. （判断题）OLAP系统能够对大量数据进行分析处理，所以同样能够满足OLTP对小数据量的处理性能需求。（　　）

  A. True   B. False

答案 B

答案解析 OLTP更强调实质性要求，OLAP更强调大数据量分析。一般情况下，由于二者在各自应用场景下追求的目标不同，如果替换使用，例如，用OLTP数据库做OLAP的分析应用，用OLAP去承担实时性要求极高的核心交易系统，目前来说都是不太合适的。

1.2 数据库基础知识

1.2.1 基本知识点

不同的数据库产品各有特点，但是在主要的数据库概念上具有一定的共同基础，都能实现各种数据库对象和不同层级的安全保护措施，都强调对数据库的性能管理和日常运维管理。

本节对应《数据库原理与技术——基于华为GaussDB》教材的第2章内容。该章主要讲述数据库管理的主要职责和内容，并对一些常见的、重要的数据库的基本概念进行介绍，这些内容是下一阶段学习的基础。学习完该章内容后，读者将能够描述数据库管理工作的主要内容，包括区分不同的备份方式、列举安全管理的措施及描述性能管理的工作，同时能够描述数据库的重要基础概念和各数据库对象的使用方法。

1.2.2 习题解答和解析

1. （单选题）把数据库中的数据迁移到其他异构的数据库中，可以采用（　　）的方式。

  A. 物理备份   B. 逻辑备份

答案 B

答案解析 相对于物理备份对日志物理格式的强依赖，逻辑备份仅基于数据的逻辑变化，应用更加灵活，可以实现GaussDB(for MySQL)跨版本复制、GaussDB(for MySQL)向其他异构数据库复制，以及在源、目标数据库表结构不一致时的定制支持。

2. （单选题）为提高表的查询速度，可以创建的数据库对象是（　　）。

  A. 视图（View）   B. 函数（Function）

  C. 索引（Index）   D. 序列（Sequence）

答案 C

答案解析 索引（Index）提供指向存储在表的指定列中的数据值的指针，如同图书的目录，能够加快表的查询速度，但同时也增加了插入、更新和删除操作的处理时间。

3.（单选题）某单位制定灾备标准时，希望在灾难发生后能够在 1 小时以内将系统恢复成对外可服务的状态，这个指标指的是（　　）。

  A．RTO   B．RPO

答案 A

答案解析 灾难备份有两个指标，一个是恢复时间目标（RTO），另一个是恢复点目标（RPO）。RTO 是灾难发生后信息系统或者业务功能从停顿到必须恢复的时间要求。RPO 是灾难发生后系统和数据必须恢复到的时间点要求。

4.（多选题）要为表增加索引时，建议将索引创建在哪些字段上？（　　）

  A．在经常需要搜索查询的列上创建索引，可以加快搜索的速度

  B．在作为主键的列上创建索引，强调该列的唯一性和组织表中数据的排列结构

  C．在经常使用 WHERE 子句的列上创建索引，加快条件的判断速度

  D．为经常出现在关键字 ORDER BY、GROUP BY、DISTINCT 后面的字段创建索引

答案 ABCD

答案解析 在经常需要搜索、查询的列上创建索引，可以加快搜索的速度；在作为主键的列上创建索引，强调该列的唯一性和组织表中数据的排列结构；在经常使用 WHERE 子句的列上创建索引，可加快条件的判断速度；另外，建议为经常出现在关键字 ORDER BY、GROUP BY、DISTINCT 后面的字段创建索引。

5.（单选题）关于数据类型的选择，以下说法错误的是（　　）。

  A．尽量使用执行效率比较高的数据类型

  B．尽量使用短字段的数据类型

  C．对于字符串数据，尽量使用定长字符串数据类型，并指定字符串长度

  D．当多个表存在逻辑关系时，表示同一含义的字段应该使用相同的数据类型

答案 C

答案解析 对于字符串数据，建议使用变长字符串数据类型，并指定最大长度。

6.（多选题）下面选项中，属于事务特性的是（　　）。

  A．Atomicity   B．Isolation   C．Durability   D．Consistency

答案 ABCD

答案解析 事务特性主要是原子性（Atomicity）、一致性（Consistency）、隔离性（Isolation）、持久性（Durability）。

7.（多选题）在可重复读事务隔离机制下，下面哪些情况不会发生？（　　）

  A．脏读   B．不可重复读   C．幻影读

答案 AB

答案解析 可重复读（Repeatable Read）是指一个事务一旦开始，事务过程中所读取的所有数据都不允许被其他事务修改。这个隔离级别没有办法解决"幻影读"的问题。因为它只"保护"了它读取的数据不被修改，但是其他数据可以被修改。如果其他数据被修改后恰好满足了当前事务的过滤条件（WHERE 语句），那么就会发生"幻影读"的情况。

1.3 SQL 语法入门

1.3.1 基本知识点

华为 GaussDB(for MySQL)是一款云端高性能、高可用的关系型数据库，全面支持开源数据库 MySQL 的语法和功能。

本节对应《数据库原理与技术——基于华为 GaussDB》教材的第 3 章内容。该章主要介绍 GaussDB(for MySQL)的数据类型、系统函数及操作符，帮助读者快速掌握 SQL 入门级的语法。

学完该章内容后，读者将能做到以下 4 点。

（1）描述 GaussDB(for MySQL)语句的定义和类型，识别给定语句所属的类别，包括 DDL、DML、DCL 和 DQL。

（2）列举可用的数据类型，并选择正确的数据类型来创建表，了解什么情况下应该选择字符类型、什么情况下应该选择数值类型等。选择合适的数据类型能够提高数据的存储和查询效率。

（3）描述不同系统函数的用法，并掌握如何在查询语句中正确使用系统函数，如具体的数值处理应该使用什么数值处理函数、字符处理应该使用什么字符处理函数等。使用正确的系统函数能够提高数据库的使用和查询效率。

（4）列举常用操作符，并掌握不同操作符的优先级及使用方法，如什么情况下应该使用逻辑操作符、什么情况下应该使用比较操作符等。使用正确的操作符，能够提高查询效率与查询的准确性。

1.3.2 习题解答和解析

1．（判断题）BIGINT 类型占用 4 字节。（　　）

　　A．True　　　　　　　　　　　　B．False

答案 B

答案解析 BIGINT 类型占用 8 字节，INT 类型占用 4 字节。

2．（判断题）BLOB 类型用于存储变长大对象二进制数据。（　　）

　　A．True　　　　　　　　　　　　B．False

答案 A

答案解析 BLOB 类型最多存储 4GB 的变长大对象二进制数据，超过 8000 字节的二进制数据可用 BLOB 类型存储。

3.（单选题）运行

```
CREATE TABLE aaa(name CHAR(5));
INSERT INTO aaa values('TEST');
SELECT name='test' FROM aaa;
```

的结果为（　　）。

    A. 1   B. 0

答案 A

答案解析 CHAR 与 VARCHAR 的字符比较，忽略大小写与最后的空格。

4.（多选题）以下哪些是数值计算函数？（　　）

    A. LENGTH(str)   B. SIN(D)   C. TRUNC(X, D)   D. HEX(p1)

答案 BC

答案解析 A 选项为字符处理函数，B 选项为数值计算函数，C 选项为数值计算函数，D 选项为字符处理函数。

5.（多选题）GaussDB(for MySQL)取 UNIX 时间戳的函数为（　　）。

    A. UNIX_TIMESTAMP()

    B. UNIX_TIMESTAMP(datetime)

    C. UNIX_TIMESTAMP(datetime_string)

    D. FROM_UNIXTIME(unix_timestamp)

答案 ABC

答案解析 D 选项为返回时间函数。

6.（单选题）if(cond, expr1, expr2)函数在 cond 条件为假时，返回（　　）。

    A. expr1   B. expr2

答案 B

答案解析 cond 条件为真时返回第一个参数 expr1，为假时返回第二个参数 expr2。

7.（多选题）以下哪些是逻辑操作符？（　　）

    A. AND   B. OR   C. NOT   D. NOT OR

答案 ABC

答案解析 NOT OR 不是逻辑操作符，其他都是。

8.（判断题）通配符用于 LIKE 和 NOT LIKE 语句中。（　　）

    A. True   B. False

答案 A

答案解析 LIKE 和 NOT LIKE 都可以与通配符%配合使用。

9.（判断题）算术操作符中优先级最低的是^。（　　）

  A．True   B．False

答案 B

答案解析 优先级最低的应该是按位或|。优先级顺序为：四则运算>左移和右移>按位与>按位异或>按位或。

1.4 SQL 语法分类

1.4.1 基本知识点

GaussDB(for MySQL)是华为云提供的高性能、高可靠的关系型数据库，为用户提供多节点集群的架构，集群中有一个写节点（主节点）和多个读节点（只读节点），各节点共享底层的存储软件架构。

本节对应《数据库原理与技术——基于华为 GaussDB》教材的第 4 章内容。该章按照语法分类对 SQL 语句进行讲解，涉及数据库查询语言（DQL）、数据操纵语言（DML）、数据定义语言（DDL）和数据控制语言（DCL）。

学习完该章内容后，读者将能够做到以下 3 点。

（1）列举 SQL 语法的种类。

（2）区分不同语句的使用场景，例如，创建对象的语句，进行表中数据的增、删、改、查操作的语句，实现多表关联查询的语句，等等。

（3）使用 SQL 语句处理数据库中的数据，例如，创建、修改和删除数据库中的对象，对数据库中表的数据进行增、删、改、查等操作。

1.4.2 习题解答和解析

1.（单选题）查找岗位是工程师且薪水在 6000 以上的记录的逻辑表达式为（　　）。

  A．岗位 = '工程师' OR 薪水 > 6000   B．岗位 = 工程师 AND 薪水 > 6000

  C．岗位 = 工程师 OR 薪水 > 6000   D．岗位 = '工程师' AND 薪水 > 6000

答案 D

答案解析 字符串应该用单引号引起来，两个条件的关系是与关系，因此答案为 D。

2.（单选题）WHERE 子句中，表达式 "age BETWEEN 20 AND 30" 等同于（　　）。

  A．age >= 20 AND age <= 30   B．age >= 20 OR age <=30

  C．age > 20 AND age < 30   D．age > 20 OR age < 30

答案 A

答案解析 BETWEEN 是位于两者之间并且包含了边界的，因此答案为 A。

3.（多选题）从 student 表中查询学生姓名、年龄和成绩，将结果按照年龄降序排列，年龄相同的按照成绩升序排列，下列 SQL 语句中正确的是（　　）。

　　A．SELECT name, age, score FROM student ORDER BY age DESC , score;

　　B．SELECT name, age, score FROM student ORDER BY age , score ASC;

　　C．SELECT name, age, score FROM student ORDER BY 2 DESC , 3 ASC;

　　D．SELECT name, age, score FROM student ORDER BY 1 DESC , 2 ;

答案　AC

答案解析　按照年龄降序排列应该写成 ORDER BY age DESC；年龄相同的按照成绩升序排列可以写成 score ASC，其中 ASC 可以省略。同时也可以用序号指定表中字段，因此答案为 AC。

4.（单选题）使用 SQL 语句将 STAFFS 表中员工的年龄 AGE 字段的值增加 5，应该使用的语句是（　　）。

　　A．UPDATE SET AGE WITH AGE+5

　　B．UPDATE AGE WITH AGE+5

　　C．UPDATE STAFFS SET AGE = AGE+5

　　D．UPDATE STAFFS AGE WITH AGE+5

答案　C

答案解析　将 STAFFS 表中员工的年龄 AGE 字段增加 5，是对已有值的更新，应该使用数据修改 UPDATE 语句。UPDATE 语句通过 SET 关键字来修改表中具体列的值，年龄增加 5 即为 AGE = AGE +5。

5.（单选题）下列 4 组 SQL 命令中，全部属于数据操纵语言命令的是（　　）。

　　A．CREATE、DROP、UPDATE　　B．INSERT、UPDATE、DELETE

　　C．INSERT、DROP、ALTER　　D．UPDATE、DELETE、ALTER

答案　B

答案解析　数据操纵语言命令包括数据的插入、修改、删除，对应的关键字为 INSERT、UPDATE、DELETE，因此答案为 B。

6.（单选题）删除表 student 中班级号（cid）为 6 的全部学生信息，下列 SQL 语句正确的是（　　）。

　　A．DELETE FROM student WHERE cid = 6;

　　B．DELETE * FROM student WHERE cid = 6;

　　C．DELETE FROM student ON cid = 6;

　　D．DELETE * FROM student ON cid = 6;

答案　A

答案解析 要删除表中的信息，应该用数据删除语句，即 DELETE FROM；要删除的表为 student，则 DELETE FROM 后面为 student；要删除的信息 cid 为 6，则 WHERE 后面的条件为 cid =6，因此答案为 A。

7.（判断题）为某表建立索引，如果对索引进行撤销操作则与之对应的基本表的内容也会被删除。（ ）

  A．True　　　　　　　　　　　B．False

答案　B

答案解析　索引建立在表中的字段上，和表的内容是两个对象，因此删除或撤销索引是不会影响表的内容的。

8.（单选题）SQL 集数据查询、数据操纵、数据定义和数据控制于一体，其中，CREATE、DROP、ALTER 语句用于实现哪种功能？（ ）

  A．数据查询　　B．数据操纵　　C．数据定义　　D．数据控制

答案　C

答案解析　CREATE、DROP、ALTER 语句属于数据定义语言，因此答案为 C。

9.（多选题）创建一个递减序列 seq_1，起点为 400，步长为-4，最小值为 100，序列达到最小值时可循环，下列语句正确的是（　　）。

  A．CREATE SEQUENCE seq_1 START WITH 400 MAXVALUE 100
   INCREMENT BY -4 CYCLE;

  B．CREATE SEQUENCE seq_1 MAXVALUE 400 MINVALUE 100
   INCREMENT BY -4 CYCLE;

  C．CREATE SEQUENCE seq_1 START WITH　400 MINVALUE 100
   INCREMENT BY -4 CYCLE;

  D．CREATE SEQUENCE seq_1 START WITH　400 MINVALUE 100
   MAXVALUE 400 INCREMENT BY -4 CYCLE;

答案　BD

答案解析　根据定义只有 B 和 D 选项符合要求。

10.（判断题）SQL 语句中 COMMIT 命令的作用是回滚一个事务。（ ）

  A．True　　　　　　　　　　　B．False

答案　B

答案解析　COMMIT 命令为提交一个事务，ROLLBACK 命令为回滚一个事务。

11.（多选题）下列操作需要显式提交 COMMIT 的有（　　）。

  A．INSERT　　B．DELETE　　C．UPDATE　　D．CREATE

答案　ABC

答案解析　事务操作语句属于数据操纵语言，包括 INSERT、DELETE 和 UPDATE 语句，

CREATE 语句属于数据定义语言，因此答案为 ABC。

12.（单选题）现有空表 t1，执行以下语句：

```
INSERT INTO t1 VALUES(1,1);
CREATE TABLE t2 AS SELECT * FROM t1;
INSERT INTO t2 VALUES(2,2);
ROLLBACK;
```

以下说法正确的是（　　）。

  A．t1 表有 1 条数据（1,1），t2 表为空

  B．t1 表和 t2 表均为空

  C．t1 表有 1 条数据（1,1），t2 表有 1 条数据（1,1）

  D．t1 表有 1 条数据（1,1），t2 表有 2 条数据（1,1）和（2,2）

答案　C

答案解析　第一步向表 t1 中插入一条数据，第二步创建表 t2，并将 t1 中的数据插入 t2。创建表的语句为数据定义语言，会将未提交的事务提交，因此，第一步向表 t1 中插入数据的操作会被提交，并且在 t2 表创建成功后，t1 表中的数据被插入 t2 表，也会被提交。第三步向表 t2 中插入一条数据，第四步 ROLLBACK（回滚），第三步插入的数据将会被回滚掉。因此最终结果为：t1 表中有一条记录，也就是第一步插入的数据（1,1）；在第四步 t2 表中插入的数据被回滚掉，但在第二步创建并插入数据时，已经将表中数据（1,1）提交，所以表 t2 中插入的数据也为（1,1）。因此，答案为 C。

1.5　数据库安全基础

1.5.1　基本知识点

  数据库安全管理以保护数据库系统中的数据为目的，防止数据被泄露、篡改、破坏。数据库系统存储着各类重要的、敏感的数据，作为多用户的系统，为不同的用户提供适当的权限尤为重要。

  本节对应《数据库原理与技术——基于华为 GaussDB》教材的第 5 章内容。该章主要介绍数据库安全管理中常用的方法，包括用户权限控制和审计等，具体从基本概念、使用方法和应用场景 3 个方面详细阐述。

  学完该章后，读者将掌握以下内容。

  （1）用户、角色、权限之间的关系。

  （2）常见的系统权限和对象权限。

  （3）审计功能的配置。

1.5.2 习题解答和解析

1.（判断题）SSL 技术可以防止中间人攻击和监听网络。（   ）

    A. True   B. False

答案   A

答案解析   安全套接字层（Secure Sockets Layer，SSL）协议是给网络通信提供安全及数据完整性的安全协议，目的是提供通信安全及数据完整性保障，所以答案为 True。

2.（判断题）SSL 技术只可用于数据库中。（   ）

    A. True   B. False

答案   B

答案解析   SSL 协议是给网络通信提供安全及数据完整性的安全协议，应用于众多场景中，例如，HTTPS 也使用了 SSL 加密，所以答案为 False。

3.（单选题）以下哪个语法用于授权？（   ）

    A. CREATE   B. ALTER   C. GRANT   D. REVOKE

答案   C

答案解析   CREATE 为创建，ALTER 为修改，GRANT 为授予权限，REVOKE 为回收权限，因此答案为 C。

4.（判断题）角色和用户的名字可以重复。（   ）

    A. True   B. False

答案   B

答案解析   角色和用户虽然是两个不同的对象，但名字是不可以重复的，所以选 B。

5.（判断题）系统权限和对象权限不使用时需及时回收。（   ）

    A. True   B. False

答案   A

答案解析   为了保证数据库的安全，数据库的权限遵循最小化原则，系统权限和对象权限不使用时需及时回收，因此答案为 A。

6.（简答题）SSL 为什么可以保证连接的安全？

答题要点   SSL 对连接通道进行加密，可以防止中间人攻击和监听网络。

1.6 数据库开发环境

1.6.1 基本知识点

华为的 GaussDB(for MySQL)支持基于 C、Java 等语言的应用程序的开发。了解 GaussDB(for MySQL)相关的系统结构和概念，有助于更好地开发和使用 GaussDB(for MySQL)数据库。

本节对应《数据库原理与技术——基于华为GaussDB》教材的第6章内容。该章主要讲解 GaussDB(for MySQL)工具的使用。在开始学习该章前,读者需要了解操作系统知识、C语言和Java语言,熟悉C语言或Java语言的IDE与SQL语法。

学完该章后,读者将掌握以下内容。

(1)数据库驱动的概念。

(2)使用JDBC、ODBC等驱动开发应用程序。

(3)GaussDB(for MySQL)的客户端工具。

(4)使用zsql工具和Data Studio工具进行数据库相关操作。

1.6.2　习题解答和解析

1.(多选题)JDBC常用接口可实现下列哪些功能?(　　)

　　A.执行SQL语句　　　　　　B.执行存储过程

　　C.数据库卸载　　　　　　　D.数据库删除

答案　AB

答案解析　JDBC常用接口提供的功能包括SQL语句和存储过程的执行。

2.(单选题)通过ODBC交互,在避免了应用程序直接操作数据库系统的同时,增强了应用程序的哪些特性?(　　)

　　A.可移植性、可兼容性和可维护性　　B.可移植性、可兼容性和可扩展性

　　C.可维护性、可扩展性和可移植性　　D.可兼容性、可维护性和可扩展性

答案　C

答案解析　应用程序通过ODBC提供的API与数据库进行交互,在避免了应用程序直接操作数据库系统的同时,增强了应用程序的可移植性、可扩展性和可维护性。

3.(多选题)DDM的关键特性包括(　　)。

　　A.平滑扩容　　B.读/写分离　　C.智能管理　　D.数据分片

答案　ABD

答案解析　DDM的关键特性包括平滑扩容、读/写分离、数据分片。

4.(判断题)DDM数据库中间件购买时,虚拟私有云可以与其使用的数据库虚拟私有云不同。(　　)

　　A.True　　　　　　　　　　B.False

答案　B

答案解析　DDM数据库中间件仅可用于与它使用同一个虚拟私有云的数据库。

5.(单选题)以下哪个能力不是DRS具备的能力?(　　)

　　A.在线迁移　　B.数据同步　　C.多活灾备　　D.平滑扩容

答案　D

答案解析 DRS 能力包括在线迁移、数据同步、多活灾备。

6．（判断题）DRS 提供的迁移功能不支持业务中断功能。（　　）

　　A．True　　　　　　　　　　　B．False

答案　B

答案解析 DRS 可以提供迁移过程中的业务中断功能。

7．（多选题）gsql 连接命令包含（　　）参数。

　　A．数据库名称　B．集群地址　C．数据库用户　D．数据库端口

答案　ABCD

答案解析 gsql -d <数据库名称> -h <集群地址> -U <数据库用户> -p <数据库端口>。

8．（判断题）gsql 是 GaussDB(DWS) 提供在命令行运行的交互式数据库连接工具。（　　）

　　A．True　　　　　　　　　　　B．False

答案　A

答案解析 gsql 是 GaussDB(DWS) 提供在命令行运行的交互式数据库连接工具。

9．（多选题）MySQL Workbench 的基本功能包含（　　）。

　　A．导航栏　　　　　　　　　　B．数据库情况展示
　　C．数据库备份　　　　　　　　D．审核检查

答案　ABCD

答案解析 MySQL Workbench 的基本功能包括导航栏、数据库情况展示、数据库备份、审核检查、SQL 编辑和查询结果展示。

10．（多选题）Data Studio 支持下列哪些功能？（　　）

　　A．浏览数据库对象　　　　　　B．创建和管理数据库对象
　　C．管理存储过程　　　　　　　D．编辑 SQL 语句

答案　ABCD

答案解析 Data Studio 支持的功能包括数据库对象管理、数据库对象浏览、管理存储过程、编辑 SQL 语句和提供 SQL 助手。

11．（简答题）简述 ODBC 开发应用的流程。

答题要点 ODBC（Open Database Connectivity，开放数据库互连），包括申请句柄资源、设置环境属性、连接数据源、执行 SQL 语句、处理结果集、断开连接、释放句柄资源。

12．（简答题）简述 DDM 数据分片的流程。

答题要点 选择需要分片的实例，创建逻辑数据库，选择拆分模式，设置逻辑数据库名称与事务模型，选择关联的 RDS 实例并创建逻辑数据库，分片成功。

13．（简答题）简述 DRS 数据迁移的流程。

答题要点 进入 DRS 控制台，开始创建迁移任务，配置源库及目标库信息，选择迁移模式，预检查及确认任务，查看迁移任务状态。

14.（简答题）简述使用 gsql 连接数据库的流程，并解释其中的重要参数有哪些。

答题要点　gsql 下载；登录 ECS——ECS IP 地址、端口、SSH 连接方式；上传文件，并解压到对应路径；执行脚本 source gsql_env.sh；出现 All things done 则表示成功，接下来可以连接数据库。

1.7　数据库设计基础

1.7.1　基本知识点

数据库设计是指根据数据库系统的特点，针对具体的应用对象构建合适的数据库模式，建立数据库及相应的应用，使整个系统能有效地采集、存储、处理和管理数据，从而满足各种用户的使用需求。

本节对应《数据库原理与技术——基于华为 GaussDB》教材的第 7 章内容。该章主要介绍数据库设计的相关概念、整体目标和需要解决的问题，并按照新奥尔良设计方法对需求分析、概念设计、逻辑设计和物理设计几个阶段的具体工作进行详细说明，最后结合相关案例对数据库设计的具体实现手段进行介绍。

理论教材的第 7 章围绕数据库建模的新奥尔良设计方法，对需求分析、概念设计、逻辑设计和物理设计这 4 个阶段进行了讲解，对每一个设计阶段的任务都进行了明确说明：对需求分析阶段的重要意义进行了阐述；在概念设计阶段引入了 E-R 方法；在逻辑设计一节中阐述了重要的基本概念和第三范式模型，并结合实例对各范式进行了深入讲解；在物理设计阶段重点讲解了反范式化手段和工作中需要关注的重点，最后结合一个小型的实际案例对逻辑建模和物理建模的主要内容进行了说明。

学完该章后，读者将掌握以下内容。

（1）数据模型的特点和用途。

（2）数据模型的类型。

（3）第三范式数据模型的标准。

（4）逻辑模型中的常见概念。

（5）逻辑模型和物理模型中对应的概念。

（6）物理设计过程中常见的反范式化处理手段。

1.7.2　习题解答和解析

1.（单选题）在新奥尔良设计方法中逻辑设计阶段完成后接下来需要完成的阶段是（　　）。

　　A．需求分析　　　B．物理设计　　　C．概念设计　　　D．逻辑设计

答案 B

答案解析 1978年10月，来自30多个国家的数据库专家在美国新奥尔良市专门讨论了数据库设计方法。他们运用软件工程的思想和方法，提出了数据库设计规范，这就是著名的新奥尔良设计方法，是目前公认的比较完整和权威的一种数据库规范设计方法。在新奥尔良设计方法中，数据库设计被分为4个阶段，分别是需求分析、概念设计、逻辑设计、物理设计。需求分析阶段主要分析用户需求，产出需求说明；概念设计阶段主要进行信息分析和定义，产出概念模型；逻辑设计阶段主要依据实体联系进行设计，产出逻辑模型；而物理设计阶段主要根据数据库产品的物理特性进行物理结构设计，产出物理模型。

2.（多选题）数据库运行环境的高效性表现在哪些方面？（　　）

  A. 数据存取效率　　　　　　B. 数据存放的时间周期

  C. 存储空间利用率　　　　　D. 数据库系统运行管理的效率

答案 ACD

答案解析 数据库设计是建立数据库及其应用系统的技术，是信息系统开发和建设中的核心技术。数据库设计的目标是为用户和各种应用系统提供信息基础设施和高效的运行环境。高效的运行环境是指在数据库数据的存取效率、数据库存储空间的利用、数据库系统运行管理这些方面都要做到高效率。B选项是容量问题而不是效率问题。

3.（多选题）进行需求调查的过程中，可以使用的方法包括以下哪些？（　　）

  A. 问卷调查　　　　　　　　B. 和业务人员座谈

  C. 采集样本数据，进行数据分析　D. 评审《用户需求规格说明书》

答案 ABC

答案解析 需求调查的方法包括但不限于查看现有系统的设计文档、报告，和业务人员座谈，问卷调查和采集样本数据（如果条件允许）。

4.（多选题）模型设计中E-R图的3要素包括下面哪些选项？（　　）

  A. 实体　　B. 联系　　C. 基数　　D. 属性

答案 ABD

答案解析 1976年陈品山提出了实体-联系方法，即E-R方法。该方法因为简单实用，迅速成为概念模型中常用的方法之一，也是现在描述信息结构常用的方法。E-R方法使用的工具叫作E-R图，主要由实体、属性和联系3个要素构成，在概念设计阶段使用得比较广泛。用E-R图表示的数据库概念非常直观，易于用户理解。基数不是E-R图3要素之一，基数是反映两个或多个实体间关系的业务规则。

5.（多选题）属于实体间联系的选项有（　　）。

  A. 一对一联系（1:1）　　　　B. 一对空联系（1:0）

  C. 一对多联系（1:n）　　　　D. 多对多联系（$m:n$）

答案 ACD

答案解析 实体内部及实体之间的联系通常用菱形框表示。大多数场合下，数据模型关注的是实体之间的联系，实体之间的联系通常分为 3 类。

一对一联系（1∶1）：实体 A 中的每个实例在实体 B 中至多有一个实例与之关联，反之亦然。例如，一个班级有一个班主任，这种联系记录形式为 1∶1。

一对多联系（1∶n）：实体 A 中的每个实例在实体 B 中都有 n 个实例与之关联，而实体 B 中的每个实例在实体 A 中最多只有 1 个实例与之关联，记为 1∶n。例如，一个班级有 n 个学生。

多对多联系（$m∶n$）：实体 A 中的每个实例在实体 B 中都有 n 个实例与之关联，而实体 B 中的每个实例在实体 A 中也都有 m 个实例与之关联，记为 $m∶n$。例如，学生与选修课程的关系。

6.（判断题）具有公共性质并且可以相互区分的现实世界对象的集合是 E-R 方法中的属性。（　　）

　　A．True　　　　　　　　　　B．False

答案　B

答案解析　实体是具有公共性质并且可以相互区分的现实世界对象的集合，属性是描述实体性质或特征的数据项，属于一个实体的所有实例都具有相同的性质。因此本题描述的是实体，不是属性。

7.（多选题）在逻辑模型设计过程中进行范式化建模的意义有（　　）。

　　A．提高数据库使用效率　　　　B．减少冗余数据

　　C．模型具有良好的可扩展性　　D．降低数据不一致的可能性

答案　BCD

答案解析　1971 年到 1972 年间，Codd 博士系统地提出了第一范式到第三范式的概念，充分讨论了模型规范化问题。后来其他人不断深化提出了更高层次的范式化标准，但是对于关系型数据库而言，在实践应用中，能够实现第三范式就已经足够了。

遵循规范化理论设计出的关系数据模型有如下意义：

（1）能够避免冗余数据的产生；

（2）可降低数据不一致的风险；

（3）模型具有良好的可扩展性；

（4）可以灵活调整以反映出不断变化的业务规则。

其中 A 选项是物理设计的目标，不是逻辑工作的内容。

8.（判断题）满足第三范式的模型就一定是满足第二范式的。（　　）

　　A．True　　　　　　　　　　B．False

答案　A

答案解析　第三范式就是所有非主键字段都要依赖于整个主键，而不依赖于非主键的其他属性。满足第三范式有两个必要条件，首先要满足第二范式，其次是每一个非主属性都不

会传递性依赖于主键。简单理解就是第三范式的整个非主键字段都要依赖于整个主键，不依赖于非主键属性。

因此本题是正确的，但是如果顺序反过来就错了。

9．（多选题）相对于逻辑模型而言，物理模型具备的特点有（　　）。

  A．严格遵循第三范式　　　　　B．可以含有冗余数据

  C．主要面向数据库管理员和开发人员　D．可以含有派生数据

答案　BCD

答案解析　逻辑模型设计应尽量做到满足第三范式，进行规范化设计；物理模型要追求高性能，可能要进行反范式化，就是非正则化处理，因此 A 选项错误。反范式化处理会带来冗余数据和派生数据的问题，B 和 D 选项正确。另外物理设计会在用户确认的逻辑模型基础上，以数据库系统运行效率、业务操作效率、前端应用效率等因素为出发点对模型进行调整，因此 C 选项正确。

10．（多选题）数据反范式化处理的方式包括下列哪些？（　　）

  A．增加派生字段　　　　　　　B．建立汇总表或临时表

  C．进行预关联　　　　　　　　D．增加重复组

答案　ABCD

答案解析　反范式化处理也叫非正则化处理，是和范式化过程相反的过程和技术手段，例如，把模型从第三范式降级到第二范式或者第一范式的过程。在物理模型设计过程中，要从性能和应用需求出发，兼顾数据库物理限制。

反范式化常见的处理手段有以下几种。

（1）增加重复组。

（2）进行预关联。

（3）增加派生字段。

（4）建立汇总表或临时表。

（5）对表进行水平拆分或者垂直拆分。

11．（多选题）使用索引带来的影响有（　　）。

  A．会占用更多的物理存储空间

  B．索引生效的情况下，能够大幅提高查询的效率

  C．插入基表的效率会降低

  D．建立索引后，数据库优化器就一定会在查询中使用索引

答案　ABC

答案解析　使用索引的场景包括以下几种。

（1）在经常需要搜索查询的列上创建索引，可以加快搜索的速度。

（2）在作为主键的列上创建索引，强调该列的唯一性和组织表中的数据排列结构。

（3）在经常使用连接的列上创建索引，这些列主要是一些外键，所以可以加快关联的速度。

（4）在经常需要根据范围进行搜索的列上创建索引，因为索引已经排序，其指定的范围是连续的。

（5）在经常需要排序的列上创建索引，同样因为索引已经排序，这些查询可以利用索引的排序来加快排序的查询时间。

（6）在经常使用 WHERE 子句的列上创建索引，加快条件的判断速度。

但是，索引创建多了会有负面影响，如需要更多的索引空间；在插入基表数据的时候，因为同时要插入索引数据，所以会使插入操作的效率降低。因此对无效的索引应当及时删除，避免空间的浪费。

因此 A、B、C 选项都正确，而 D 选项是错误的。因为现代数据库的优化器很多都是基于成本分析的优化引擎，所以是否会使用到索引并不绝对，并不是建立了索引就一定会用到。如果使用数据库的扫描成本更低（低于使用索引），那么在实际查询中就不会使用到已建立的索引。

12.（判断题）因为分区能够减少数据查询时的 I/O 扫描开销，所以在物理化处理过程中，分区建立得越多越好。（　　）

  A．True   B．False

答案　B

答案解析　表级物理化操作有如下几个方法。

（1）进行反范式化操作。

（2）决定是否要进行分区，对大表进行分区，能够减少 I/O 扫描量，缩小查询范围。但是分区粒度也不是越细就越好，例如，日期分区，如果查询一般都只是到月汇总或者按月查询，那么只要分区到月就足够了。

（3）决定是否要拆分历史表和当前表。历史表都是一些使用频度低的冷数据，可以使用低速存储；当前表是指查询频度高的热数据，可以使用高速存储。历史表还可以使用压缩的办法来减少占用的存储空间。

分区增多会导致文件数量和句柄增多，过多的文件句柄也是对系统资源的过度消耗，反而不利于数据库的查询。

13.（判断题）外键是识别实体中每一个实例的唯一性的标识。（　　）

  A．True   B．False

答案　B

答案解析　主键是识别实体每一个实例唯一性的标识。

14.（判断题）满足第一范式的原子性就是把每个属性都细分到不可再分的最小粒度。（　　）

A．True   B．False

答案 B

答案解析 原子性是指不可分割性，但是应分割到哪一个程度呢？很多人在实际应用中对原子性概念的理解容易出现偏差。一般来说具有编码规则的代码实际上都是复合型代码，规则上都是可分的。例如，身份证号和手机号码都可以进一步拆分出更小粒度的数据，如出生年月和性别。但从值域的角度来讲，身份证的值域只要符合编码规则就是合法的，即为原子性数据，不需要进一步拆分。因此本题是错误的，选择 B 选项。

15．（判断题）只有存在外键，实体之间才会存在关系，没有外键不能建立两个实体之间的关系。（　　）

A．True   B．False

答案 A

答案解析 外键一般都是另一个实体的主键，对本实体来说是可以重复或为空的。外键的作用是建立数据参考一致性与两个实体之间的关系。所以一个实体可以有多个外键，例如，属性 A 在 X 表中是外键，在 X 表中是可以重复的。因为是外键，所以一定是另外一个表的主键，假设有一个 Y 表，属性 A 在 Y 表里面作为主键的情况下，就不允许重复了。因此本题是正确的，选择 A 选项。

16．（多选题）建立逻辑模型过程中，下面哪些选项属于确定实体中的属性的工作范围？（　　）

A．定义实体的主键   B．定义部分非键属性
C．定义非唯一属性组   D．定义属性的约束

答案 ABC

答案解析 属性是实体的特征，需要注意的类型有以下几种。

（1）主键（PRIMARY KEY）。主键是识别实体实例唯一性的属性或属性组。例如，学生实体里面姓名不能作为主键，因为可能有重名的情况，学号或者身份证号可以作为唯一识别学生的属性，即可以作为主键。

（2）可选键（OPTIONAL KEY）。能识别实体属性中唯一性的其他属性或者属性组。

（3）外键（FOREIGN KEYS）。两个实体产生关联，一个实体的外键是另外一个实体的主键；也可以把主键实体称为父实体，拥有外键的实体称为子实体。

（4）非键属性（Non-key Attribute）。实体里面除主键和外键属性外的其他属性。

（5）派生属性（Derived Attribute）。一个可以被统计出来或者从其他字段推导出来的字段。

因此正确答案是 ABC，而 D 选项属于物理模型的工作范围。

17．（判断题）在新奥尔良设计方法中需求分析阶段的数据字典与数据库产品中的数据字典是一个意思。（　　）

A．True   B．False

答案 B

答案解析 需求分析阶段的数据字典是对数据的描述，不是数据本身；而数据库产品里面的数据字典是存放在数据文件中的基表和视图。

1.7.3 补充习题

1. 设计一个论坛的逻辑模型。

参考答案

（1）收集信息。让有关的人员进行交流、座谈，充分理解数据库要完成的任务，之后归纳整理出数据库的基本功能。数据库的基本功能如下所示。

① 用户注册和登录：后台数据库需要存放用户的注册信息和在线状态信息。

② 用户发帖：后台数据库需要存放帖子的相关信息，如帖子内容、标题等。

③ 论坛版块管理：后台数据库需要存放各个版块的信息，如版主、版块名称、帖子数等。

（2）标识对象或实体（Entity）。标识数据库要管理的关键对象或实体，主要如下。

① 用户：论坛普通用户、各版块的版主。

② 用户发的主帖。

③ 用户发的跟帖（回帖）。

④ 版块：论坛的各个版块信息。

（3）标识每个实体的属性（Attribute），如图 1-1 所示。

图 1-1 实体的属性

（4）绘制局部 E-R（Entity–Relationship）图，如图 1-2 所示。

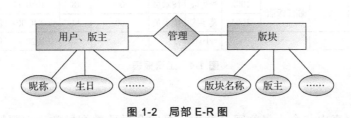

图 1-2 局部 E-R 图

（5）绘制全局 E-R 图，如图 1-3 所示。

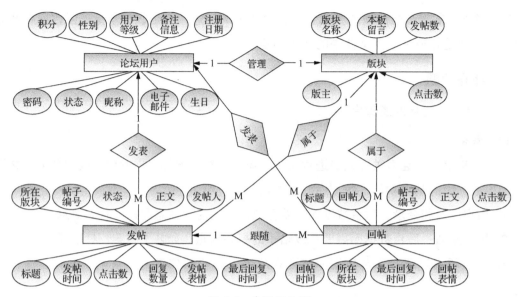

图 1-3　全局 E-R 图

2. 假设某建筑公司要设计一个数据库，请设计出底层数据库模型。该公司的业务规则概括说明如下。

（1）公司承担多个工程项目，每一项工程有工程号、工程名称、施工人员等信息。

（2）公司有多名职工，每一名职工有职工号、姓名、性别、职务（工程师、技术员等）等属性。

（3）公司按照工时和小时工资支付工资，小时工资由职工的职务决定（例如，技术员的小时工资与工程师的不同）。

（4）公司定期制定一个工资报表，如图 1-4 所示。

工程号	工程名称	职工号	姓名	职务	小时工资	工时	实发工资
A1	花园大厦	1001	齐光明	工程师	65	13	845.00
		1002	李思岐	技术员	60	16	960.00
		1004	葛宇宏	律师	60	19	1140.00
			小计				2945.00
A2	立交桥	1001	齐光明	工程师	65	15	975.00
		1003	鞠明亮	工人	55	17	935.00
			小计				1910.00
A3	临江饭店	1002	李思岐	技术员	60	18	1080.00
		1004	葛宇宏	技术员	60	14	840.00
			小计				1920.00

图 1-4　工资报表

参考答案

上述的工资报表中包含大量的冗余数据，可能会导致数据异常，主要异常如下。

（1）更新异常。

例如，修改 1001 号职工的职务，则必须修改所有职工号=1001 的数据行。

（2）添加异常。

若要增加一名新的职工，必须首先给这名职工分配一个工程，或者为了添加一名新职工的数据，先给这名职工分配一个虚拟的工程（因为主关键字不能为空）。

（3）删除异常。

例如，1001 号职工要辞职，则必须删除所有职工号＝1001 的数据行。这样的删除操作很可能会造成其他有用数据的丢失。

采用这种方法设计表的结构，虽然很容易生成工资报表，但是每当一名职工被分配一个工程时，都要重复输入大量的数据。这种重复的输入操作，很容易导致数据的不一致。

图 1-5 所示的工资报表字段描述了多件事情（工程、职工、工程、工时），涵盖了所有信息。职工号、姓名、职务、小时工资等是重复属性组，在实体中要反复出现。这种情况下应该应用第一范式来规范表，针对重复组的问题，把职工信息拿出来，形成一个单独实体，每个工程有若干名职工，那么新实体的主键就是职工号，如图 1-6 所示。

图 1-5　工资表字段 1　　　　　　　　图 1-6　工资表字段 2

消除了重复组之后，现在的模型符合第一范式。

但这里工程号的信息还存在部分依赖，所以应当继续进行范式化，解决部分依赖问题。把只依赖工程号的部分信息提取出来，形成一个新的实体——部件实体，如图 1-7 所示。

消除部分依赖后，现在的模型符合第二范式。

现在的模型里边存在的问题是：小时工资依赖于职务，而职务依赖于职工号，这种依赖有传递性，并不直接依赖。所以要实现第二范式向第三范式的转换，需要消除这种传递性依赖关系。

消除传递性依赖就是把小时工资信息生成一个单独实体，如图 1-8 所示。

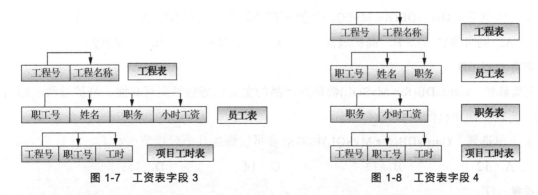

图 1-7　工资表字段 3　　　　　　　　图 1-8　工资表字段 4

消除传递性依赖后，现在的模型符合第三范式。

1.8 华为数据库产品 GaussDB 介绍

1.8.1 基本知识点

数据库在企业中有着重要的地位和作用，GaussDB 数据库在鲲鹏生态中是"主力军"之一。

数据库总体可以分为关系型数据库和非关系型数据库。关系型数据库有用于企业生产交易的 OLTP 数据库和用于企业分析的 OLAP 数据库。针对 OLTP 应用场景，华为推出了数据库 GaussDB(for MySQL)和 GaussDB(openGauss)；针对 OLAP 应用场景，华为推出了数据仓库服务 GaussDB(DWS)。而非关系型数据库（NoSQL），华为目前推出了 GaussDB(for Mongo) 和 GaussDB(for Cassandra)。

本节对应《数据库原理与技术——基于华为 GaussDB》教材的第 8 章内容。该章主要介绍华为 GaussDB(for MySQL)数据库的特性和应用场景，并介绍部分应用案例。

学完该章后，读者将能够掌握以下内容。

（1）GaussDB 数据库的特性。

（2）华为关系型数据库的相关知识。

（3）华为 NoSQL 数据库的相关知识。

1.8.2 习题解答和解析

1．（判断题）GaussDB(for MySQL)支持计算存储分离。（　　）

　　A．True　　　　　　　　　　B．False

答案　A

答案解析　GaussDB(for MySQL)使用了计算和存储分离的设计思想，在高可用、备份恢复和升级扩展等方面具有全方位的极佳体验。

2．（多选题）GaussDB(for MySQL)数据库产品的主要优势有哪些？（　　）

　　A．高可靠性　　B．高扩展性　　C．超高性能　　D．高兼容性

答案　ABCD

答案解析　GaussDB(for MySQL)数据库产品的主要优势包括高可靠性、高扩展性、超高性能、高兼容性和超低成本等。

3．（单选题）GaussDB(for MySQL)集群最多可以添加几个只读节点？（　　）

　　A．12　　　　B．13　　　　C．14　　　　D．15

答案　D

答案解析　GaussDB(for MySQL)最多可以支持 15 个只读节点。

4.（简答题）GaussDB(for MySQL)如何自动进行故障切换？

答题要点　创建 GaussDB(for MySQL)时，除主节点外，默认创建了一个只读节点。当主节点故障时，系统会自动切换到只读节点，将只读节点变为主节点，原来故障的主节点会在后台自动进行恢复。

5.（判断题）GaussDB(openGauss)是全球首款支持鲲鹏硬件架构的全自研企业级 OLAP 数据库。（　　）

　　A．True　　　　　　　　　　B．False

答案　B

答案解析　GaussDB(openGauss)是华为结合自身技术积累全自研的新一代企业级分布式 OLTP 数据库，支持集中式和分布式两种部署形态。

6.（多选题）一家电子商务公司的业务使用 GaussDB(openGauss)数据库。以下哪些属于 GaussDB(openGauss)数据库的产品优势？（　　）

　　A．性能卓越　　B．高扩展　　C．易管理　　D．安全可靠

答案　ABC

答案解析　GaussDB(openGauss)数据库产品的主要优势包括高性能、高可用、高扩展和易管理等。

7.（多选题）GaussDB(openGauss)基于创新性数据库内核，支持提供高性能的事务实时处理能力，其高性能的特点主要体现在以下哪些方面？（　　）

　　A．分布式强一致　　　　　　B．支持鲲鹏两路服务器

　　C．支持高吞吐强一致性事务能力　　D．兼容 SQL2003 标准语法

答案　ABC

答案解析　GaussDB(openGauss)的高性能的特点主要体现在：支持高吞吐强一致性事务能力、支持鲲鹏两路服务器、分布式强一致。D 选项属于易管理的特点。

8.（单选题）以下哪个组件负责接收来自应用的访问请求，并向客户端返回执行结果？（　　）

　　A．GTM　　B．WLM　　C．CN　　D．DN

答案　C

答案解析　CN 负责接收来自应用的访问请求，并向客户端返回执行结果。

9.（多选题）GaussDB(DWS)与传统数据仓库相比，具有以下哪些产品优势？（　　）

　　A．高性能　　B．高可靠　　C．易使用　　D．易扩展

答案　ABCD

答案解析　GaussDB(DWS)数据仓库具有高性能、高可靠、易使用和易扩展等产品优势。

10. （判断题）GaussDB(DWS)提供数据节点双重 HA 保护机制，保障业务不中断。（   ）

  A．True   B．False

答案 A

答案解析 GaussDB(DWS)所有的软件进程均有主备保证，集群的协调节点（CN）、数据节点（DN）等逻辑组件全部有主备保证。在任意单点物理故障的情况下，系统依然能够保证数据可靠、一致，同时还能对外提供服务；硬件级高可靠包括磁盘 Raid、交换机堆叠及网卡 bond、不间断电源（Uninterruptible Power Supply，UPS）。

02 第2部分 实验环境建设

本部分主要讲解《数据库原理与技术——基于华为GaussDB》教材中涉及的GaussDB(for MySQL)实验环境的建设,包括实验环境说明,数据库的购买、安装、配置、绑定等相关内容。

2.1 简介

本节主要内容为在华为云上购买GaussDB(for MySQL)数据库,用于完成实验环境的建设。

2.2 实验环境说明

本实验的环境为华为云环境,需要购买GaussDB(for MySQL)数据库,相关设备名称、型号与版本的对应关系如下。

(1)设备名称:数据库。
(2)设备型号:GaussDB(for MySQL)。
(3)软件版本:GaussDB(for MySQL)引擎。

2.3 GaussDB(for MySQL)数据库安装

本实验主要介绍GaussDB(for MySQL)数据库的购买、安装。读者应掌握在华为云上购买GaussDB(for MySQL)数据库的流程。

2.3.1 购买GaussDB(for MySQL)数据库

(1)登录华为云。进入华为云官网,输入账号、密码即可登录,如图2-1所示。

图 2-1 华为云

（2）购买华为云 GaussDB(for MySQL)数据库。进入控制台，单击"服务列表"下拉按钮，选择"云数据库 GaussDB"选项，如图 2-2 所示。

图 2-2 数据库服务列表

（3）进入数据库购买页面，如图 2-3 所示。

图 2-3 数据库购买页面

（4）配置数据库。选择"计费模式"为"按需计费"，"区域"为"华东-上海一"，"性能规格"为"通用增强型"和"16 核|64GB"（视具体情况选择），如图 2-4 所示。

图 2-4　配置数据库 1

（5）其余选项默认即可，设置数据库密码，如图 2-5 所示。

图 2-5　配置数据库 2

（6）单击"立即购买"按钮，在确认页面提交订单，如图 2-6 所示。

图 2-6　提交订单

（7）提交成功，如图 2-7 所示，回到实例页面。

图 2-7　提交成功

（8）等待数据库创建，如图 2-8 所示。

图 2-8　等待数据库创建

（9）等待几分钟后，数据库创建成功，如图 2-9 所示。

图 2-9　数据库创建成功

本次购买鲲鹏服务器的价格为公测价格，具体价格以华为云官网为准。

2.3.2　配置 DAS

1. 进入 DAS

在服务列表中选择数据库中的"数据库管理服务 DAS"选项，如图 2-10 所示。

2. 登录 DAS

单击"新增数据库登录"按钮。"数据库引擎"选择"GaussDB(for MySQL)"，"GaussDB 实例"选择刚才购买的数据库实例，输入用户名和密码，单击"测试连接"按钮，显示连接成功后，单击"立即新增"按钮，如图 2-11 所示。此时在"数据库管理服务 DAS"页面中就可以看到 GaussDB(for MySQL) 的数据库连接实例。单击"登录"按钮，如图 2-12 所示。

第 2 部分　实验环境建设

图 2-10　进入 DAS

图 2-11　新增数据库登录

图 2-12　数据库登录

在弹出的对话框中输入数据库密码，如图 2-13 所示。

接下来单击"测试连接"按钮。

测试成功后，勾选"记住密码"复选框，单击"确定"按钮，如图 2-14 所示。回到主页面，如图 2-15 所示。

图 2-13　输入数据库密码　　　　　　　　图 2-14　测试连接

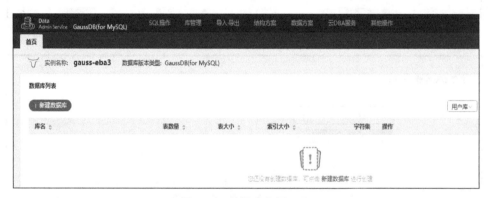

图 2-15　数据库实例页面

DAS 配置成功，后续可以通过 DAS 完成数据库操作。

2.3.3　购买弹性公网 IP

在服务列表中选择"弹性公网 IP"选项，如图 2-16 所示。

图 2-16　选择"弹性公网 IP"选项

单击进入"弹性公网 IP"控制台，如图 2-17 所示。

图 2-17 "弹性公网 IP"控制台

购买弹性公网 IP。单击"购买弹性公网 IP"按钮，进入购买页面，如图 2-18 所示。

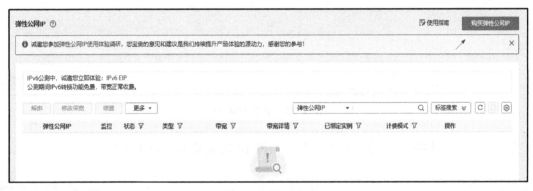

图 2-18 购买页面

"计费模式"选择"按需计费"，"区域"需与数据库实例所在区域一致，这里选择"华东-上海一"（视具体情况而定）；"线路"选择"全动态 BGP"，"公网带宽"选择"按带宽计费"，"带宽大小"选择"5"，如图 2-19 所示。

图 2-19 配置弹性公网 IP

单击"立即购买"按钮，在确认购买页面确认信息无误，如图 2-20 所示。

图 2-20　购买公网 IP

单击"提交"按钮，等待一会儿，弹性公网 IP 购买成功，如图 2-21 所示。

图 2-21　购买成功

2.3.4　绑定 GaussDB(for MySQL)数据库与公网 IP

进入云数据库 GaussDB 概览页面，在数据库实例信息页面中单击数据库实例名称，如图 2-22 所示。

图 2-22　云数据库 GaussDB 概览页面

进入数据库实例概览页面。找到"网络信息"选项组中的"绑定"按钮并单击，如图 2-23 所示。

图 2-23　数据库实例概览页面

绑定弹性公网 IP。在弹出的对话框中选择弹性公网 IP（因为只有一个，默认已自动选择），如图 2-24 所示。

图 2-24　选择弹性公网 IP

单击"确定"按钮，将弹出绑定信息，如图 2-25 所示。

图 2-25　绑定信息

等待一会儿，弹性公网 IP 绑定成功，如图 2-26 所示。

图 2-26　弹性公网 IP 绑定成功

修改安全组（可选）。默认安全组未打开 3306 端口，需要人为开放 3306 端口。如果已开放则无须操作。单击"内网安全组"右侧的超链接，如图 2-27 所示。

图 2-27　修改安全组 1

在弹出页面中选择"入方向规则"选项卡，单击"添加规则"按钮，如图 2-28 所示。

图 2-28　修改安全组 2

在"TCP"下拉框下方的文本框中输入"3306"，然后单击"确定"按钮，如图 2-29 所示。

图 2-29　修改安全组 3

完成后可以看到规则列表中多了一条有关 3306 端口的规则，如图 2-30 所示。

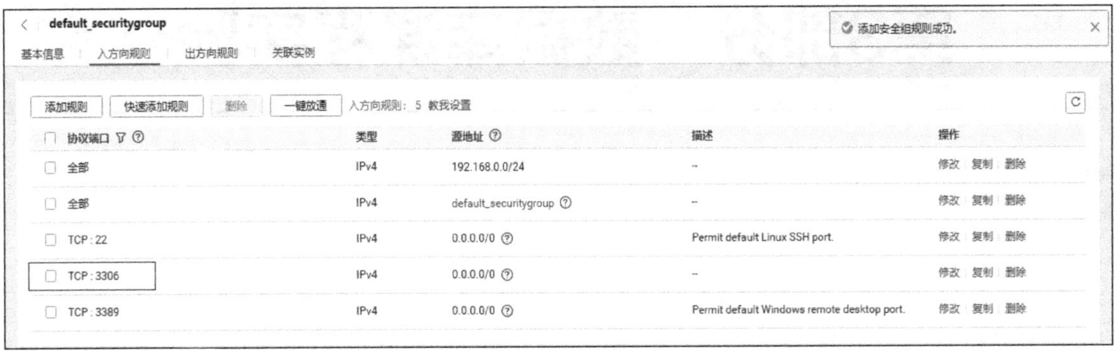

图 2-30 修改安全组 4

之后可以通过其他第三方工具完成远程连接 GaussDB(for MySQL)的操作。

03 第3部分 数据库课程实验

本部分主要是针对《数据库原理与技术——基于华为 GaussDB》教材中涉及的 GaussDB(for MySQL)数据库的实验，共包括两个方面的内容。一方面是从数据准备开始，逐一介绍 GaussDB(for MySQL) 数据库中的 SQL 语法，包括数据查询、数据更新、数据定义和数据控制。另一方面是数据库用户、角色和审计日志的相关知识与实践。

为了更好地掌握本部分内容，阅读本部分内容的读者应具有基本的数据库知识，同时应熟悉华为数据库 GaussDB(for MySQL)，了解基本的数据库语法。

3.1 SQL 语法基础实验

3.1.1 实验介绍

本实验共包含 5 个子实验，从数据准备开始，逐一介绍 GaussDB (for MySQL)数据库中的 SQL 语法，包括数据查询、数据更新、数据定义和数据控制。实验语句也可以使用 MySQL 8.0 执行。

本实验目的：学习 SQL 相关操作，如 DQL、DML、DDL、DCL 的基本语法和使用方法。

3.1.2 数据准备

本实验通过预置 SQL 脚本创建一个人力资源示例库，向人力资源示例库里的相关表中插入数据，为后续实验提供数据支撑，实验任务如下。

GaussDB(for MySQL)提供了一个人力资源示例库，供用户学习、验证数据库。数据库中包含 8 张表，分别为：职员（staffs）、部门

（sections）、地点（places）、国家（states）、地区（areas）、岗位（employments）、工作履历（employment_history）和院校（college）。

1. 登录数据库

登录华为云控制台，单击"服务列表"下拉按钮，在服务列表中选择"数据库"下的"数据管理服务 DAS"选项，如图 3-1 所示。

图 3-1　数据库服务列表

单击对应 GaussDB(for MySQL)数据库实例的"登录"按钮，如图 3-2 所示。

图 3-2　登录数据库

输入创建 GaussDB(for MySQL)数据库实例时设置的用户密码，并在勾选"记住密码"复选框后，单击"测试连接"按钮；出现"连接成功"的提示，表示测试成功，单击"确定"按钮连接数据库，如图 3-3 所示。

图 3-3　登录数据库实例

2. 创建数据库

进入"数据管理服务 DAS"页面后,单击"新建数据库"按钮,如图 3-4 所示。

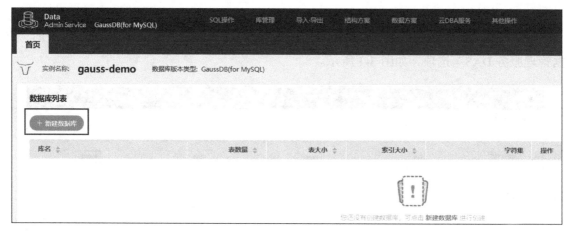

图 3-4 新建数据库

输入新建数据库的数据库名称 demodb,选择对应的数据库字符集(默认使用 utf8mb4),单击"确定"按钮,如图 3-5 所示。

图 3-5 设置数据库基本信息

页面右侧会提示"创建数据库 demodb 成功",下方的数据库列表中会显示出 demodb 数据库,表示数据库创建成功,如图 3-6 所示。

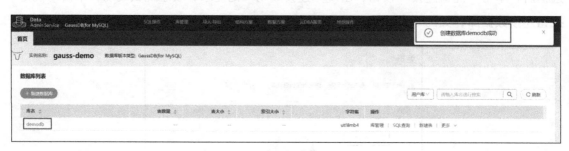

图 3-6 数据库创建成功

3. 执行 SQL

单击"SQL 查询"超链接,如图 3-7 所示,进入 SQL 交互页面。

图 3-7　SQL 查询

将 SQL 文本输入文本框中，单击"执行 SQL"按钮或者按"F8"键执行 SQL 语句，如图 3-8 所示。"消息"页面将展示执行结果。

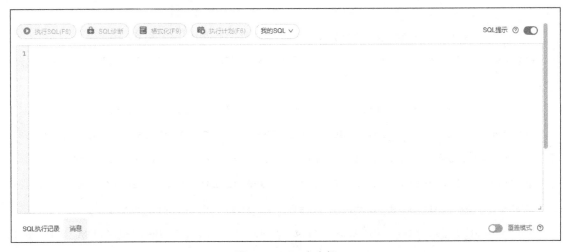

图 3-8　SQL 文本框

4. 创建表

作为管理员用户登录数据库，执行以下初始化表的 SQL 语句。

（1）创建 employment_history 表。代码如下。

```
CREATE TABLE employment_history
(id INT NOT NULL PRIMARY KEY AUTO_INCREMENT,
staff_id INT,
start_date DATETIME,
end_date DATETIME,
employment_id VARCHAR(10),
section_id INT
);
```

（2）向 employment_history 表中插入数据。代码如下。

```
INSERT INTO employment_history (staff_id, start_date, end_date,
employment_id,section_id)VALUES (102, '1993-01-13', '1998-07-24','IT_PROG', 60);
INSERT INTO employment_history (staff_id, start_date, end_date,
```

```sql
employment_id,section_id)VALUES (101, '1989-09-21', '1993-10-27','AC_ACCOUNT', 110);
INSERT INTO employment_history (staff_id, start_date, end_date,
employment_id,section_id)VALUES (101, '1993-10-28', '1997-03-15','AC_MGR', 110);
INSERT INTO employment_history (staff_id, start_date, end_date,
employment_id,section_id)VALUES (201, '1996-02-17', '1999-12-19','MK_REP', 20);
INSERT INTO employment_history (staff_id, start_date, end_date,
employment_id,section_id)VALUES (114, '1998-03-24', '1999-12-31','ST_CLERK', 50);
INSERT INTO employment_history (staff_id, start_date, end_date,
employment_id,section_id)VALUES (122, '1999-01-01', '1999-12-31','ST_CLERK', 50);
INSERT INTO employment_history (staff_id, start_date, end_date,
employment_id,section_id)VALUES (200, '1987-09-17', '1993-06-17','AD_ASST', 90);
INSERT INTO employment_history (staff_id, start_date, end_date,
employment_id,section_id)VALUES (176, '1998-03-24', '1998-12-31','SA_REP', 80);
INSERT INTO employment_history (staff_id, start_date, end_date,
employment_id,section_id)VALUES (176, '1999-01-01', '1999-12-31','SA_MAN', 80);
INSERT INTO employment_history (staff_id, start_date, end_date,
employment_id,section_id)VALUES (200, '1994-07-01', '1998-12-31','AC_ACCOUNT', 90);
```

（3）创建 sections 表。代码如下。

```sql
CREATE TABLE sections
(
section_id INT NOT NULL,
section_name VARCHAR(30),
manager_id INT,
place_id INT
);
```

（4）向 sections 表中插入数据。代码如下。

```sql
INSERT INTO sections (section_id, section_name, manager_id, place_id)VALUES (10, 'Administration', 200, 1700);
INSERT INTO sections (section_id, section_name, manager_id, place_id)VALUES (20, 'Marketing', 201, 1800);
```

```sql
INSERT INTO sections (section_id, section_name, manager_id, place_id)VALUES (30, 'Purchasing', 114, 1700);
INSERT INTO sections (section_id, section_name, manager_id, place_id)VALUES (40, 'Human Resources', 203, 2400);
INSERT INTO sections (section_id, section_name, manager_id, place_id)VALUES (50, 'Shipping', 121, 1500);
INSERT INTO sections (section_id, section_name, manager_id, place_id)VALUES (60, 'IT', 103, 1400);
INSERT INTO sections (section_id, section_name, manager_id, place_id)VALUES (70, 'Public Relations', 204, 2700);
INSERT INTO sections (section_id, section_name, manager_id, place_id)VALUES (80, 'Sales', 145, 2500);
INSERT INTO sections (section_id, section_name, manager_id, place_id)VALUES (90, 'Executive', 100, 1700);
INSERT INTO sections (section_id, section_name, manager_id, place_id)VALUES (100, 'Finance', 108, 1700);
INSERT INTO sections (section_id, section_name, manager_id, place_id)VALUES (110, 'Accounting', 205, 1700);
INSERT INTO sections (section_id, section_name, manager_id, place_id)VALUES (120, 'Treasury', NULL, 1700);
INSERT INTO sections (section_id, section_name, manager_id, place_id)VALUES (130, 'Corporate Tax', NULL, 1700);
INSERT INTO sections (section_id, section_name, manager_id, place_id)VALUES (140, 'Control And Credit', NULL, 1700);
INSERT INTO sections (section_id, section_name, manager_id, place_id)VALUES (150, 'Shareholder Services', NULL, 1700);
INSERT INTO sections (section_id, section_name, manager_id, place_id)VALUES (160, 'Benefits', NULL, 1700);
INSERT INTO sections (section_id, section_name, manager_id, place_id)VALUES (170, 'Manufacturing', NULL, 1700);
INSERT INTO sections (section_id, section_name, manager_id, place_id)VALUES (180, 'Construction', NULL, 1700);
INSERT INTO sections (section_id, section_name, manager_id, place_id)VALUES (190, 'Contracting', NULL, 1700);
```

```sql
    INSERT INTO sections (section_id, section_name, manager_id, place_id)VALUES (200,
'Operations', NULL, 1700);
    INSERT INTO sections (section_id, section_name, manager_id, place_id)VALUES (210,
'IT Support', NULL, 1700);
    INSERT INTO sections (section_id, section_name, manager_id, place_id)VALUES (220,
'NOC', NULL, 1700);
    INSERT INTO sections (section_id, section_name, manager_id, place_id)VALUES (230,
'IT Helpdesk', NULL, 1700);
    INSERT INTO sections (section_id, section_name, manager_id, place_id)VALUES (240,
'Government Sales', NULL, 1700);
    INSERT INTO sections (section_id, section_name, manager_id, place_id)VALUES (250,
'Retail Sales', NULL, 1700);
    INSERT INTO sections (section_id, section_name, manager_id, place_id)VALUES (260,
'Recruiting', NULL, 1700);
    INSERT INTO sections (section_id, section_name, manager_id, place_id)VALUES (270,
'Payroll', NULL, 1700);
```

（5）创建 places 表。代码如下。

```sql
    CREATE TABLE places
    (
    place_id INT NOT NULL,
    street_address VARCHAR(40),
    postal_code VARCHAR(12),
    city VARCHAR(30),
    state_province VARCHAR(25),
    state_id CHAR(2)
    );
```

（6）向 places 表中插入数据。代码如下。

```sql
    INSERT INTO places (place_id, street_address, postal_code, city, state_province,
state_id)VALUES (1000, '1297 Via Cola di Rie', '00989', 'Roma', '', 'IT');
    INSERT INTO places (place_id, street_address, postal_code, city, state_province,
state_id)VALUES (1100, '93091 Calle della Testa', '10934', 'Venice', '', 'IT');
    INSERT INTO places (place_id, street_address, postal_code, city, state_province,
state_id)VALUES (1200, '2017 Shinjuku-ku', '1689', 'Tokyo', 'Tokyo Prefecture', 'JP');
    INSERT INTO places (place_id, street_address, postal_code, city, state_province,
```

```sql
state_id)VALUES (1300, '9450 Kamiya-cho', '6823', 'Hiroshima', '', 'JP');
    INSERT INTO places (place_id, street_address, postal_code, city, state_province,
state_id)VALUES (1400, '2014 Jabberwocky Rd', '26192', 'Southlake', 'Texas', 'US');
    INSERT INTO places (place_id, street_address, postal_code, city, state_province,
state_id)VALUES (1500, '2011 Interiors Blvd', '99236', 'South San Francisco',
'California', 'US');
    INSERT INTO places (place_id, street_address, postal_code, city, state_province,
state_id)VALUES (1600, '2007 Zagora St', '50090', 'South Brunswick', 'New Jersey',
'US');
    INSERT INTO places (place_id, street_address, postal_code, city, state_province,
state_id)VALUES (1700, '2004 Charade Rd', '98199', 'Seattle', 'Washington', 'US');
    INSERT INTO places (place_id, street_address, postal_code, city, state_province,
state_id)VALUES (1800, '147 Spadina Ave', 'M5V 2L7', 'Toronto', 'Ontario', 'CA');
    INSERT INTO places (place_id, street_address, postal_code, city, state_province,
state_id)VALUES (1900, '6092 Boxwood St', 'YSW 9T2', 'Whitehorse', 'Yukon', 'CA');
    INSERT INTO places (place_id, street_address, postal_code, city, state_province,
state_id)VALUES (2000, '40-5-12 Laogianggen', '190518', 'Beijing', '', 'CN');
    INSERT INTO places (place_id, street_address, postal_code, city, state_province,
state_id)VALUES (2100, '1298 Vileparle (E)', '490231', 'Bombay', 'Maharashtra', 'IN');
    INSERT INTO places (place_id, street_address, postal_code, city, state_province,
state_id)VALUES (2200, '12-98 Victoria Street', '2901', 'Sydney', 'New South Wales',
'AU');
    INSERT INTO places (place_id, street_address, postal_code, city, state_province,
state_id)VALUES (2300, '198 Clementi North', '540198', 'Singapore', '', 'SG');
    INSERT INTO places (place_id, street_address, postal_code, city, state_province,
state_id)VALUES (2400, '8204 Arthur St', '', 'London', '', 'UK');
    INSERT INTO places (place_id, street_address, postal_code, city, state_province,
state_id)VALUES (2500, 'Magdalen Centre, The Oxford Science Park', 'OX9 9ZB', 'Oxford',
'Oxford','UK');
    INSERT INTO places (place_id, street_address, postal_code, city, state_province,
state_id)VALUES (2600, '9702 Chester Road', '09629850293', 'Stretford', 'Manchester',
'UK');
    INSERT INTO places (place_id, street_address, postal_code, city, state_province,
state_id)VALUES (2700, 'Schwanthalerstr. 7031', '80925', 'Munich', 'Bavaria', 'DE');
```

```sql
INSERT INTO places (place_id, street_address, postal_code, city, state_province, state_id)VALUES (2800, 'Rua Frei Caneca 1360 ', '01307-002', 'Sao Paulo', 'Sao Paulo', 'BR');
INSERT INTO places (place_id, street_address, postal_code, city, state_province, state_id)VALUES (2900, '20 Rue des Corps-Saints', '1730', 'Geneva', 'Geneve', 'CH');
INSERT INTO places (place_id, street_address, postal_code, city, state_province, state_id)VALUES (3000, 'Murtenstrasse 921', '3095', 'Bern', 'BE', 'CH');
INSERT INTO places (place_id, street_address, postal_code, city, state_province, state_id)VALUES (3100, 'Pieter Breughelstraat 837', '3029SK', 'Utrecht', 'Utrecht', 'NL');
INSERT INTO places (place_id, street_address, postal_code, city, state_province, state_id)VALUES (3200, 'Mariano Escobedo 9991', '11932', 'Mexico City', 'Distrito Federal,', 'MX');
```

（7）创建 areas 表。代码如下。

```sql
CREATE TABLE areas
(
area_id INT,
area_name VARCHAR(25)
);
```

（8）向 areas 表中插入数据。代码如下。

```sql
INSERT INTO areas (area_id, area_name) VALUES (1, 'Europe');
INSERT INTO areas (area_id, area_name) VALUES (2, 'Americas');
INSERT INTO areas (area_id, area_name) VALUES (3, 'Asia');
INSERT INTO areas (area_id, area_name) VALUES (4, 'Middle East and Africa');
```

（9）创建 college 表。代码如下。

```sql
CREATE TABLE college
(
college_id INT,
college_name VARCHAR(40)
);
```

（10）向 college 表中插入数据。代码如下。

```sql
INSERT INTO college (college_id, college_name)VALUES (1001, 'The University of Melbourne');
INSERT INTO college (college_id, college_name)VALUES (1002, 'Duke University');
```

```sql
INSERT INTO college (college_id, college_name)VALUES (1003, 'New York University');
INSERT INTO college (college_id, college_name)VALUES (1004, 'Kings College London');
INSERT INTO college (college_id, college_name)VALUES (1005, 'Tsinghua University');
INSERT INTO college (college_id, college_name)VALUES (1006, 'University of Zurich');
INSERT INTO college (college_id, college_name)VALUES (1007, 'Rice University');
INSERT INTO college (college_id, college_name)VALUES (1008, 'Boston University');
INSERT INTO college (college_id, college_name)VALUES (1009, 'Peking University');
INSERT INTO college (college_id, college_name)VALUES (1010, 'Monash University');
INSERT INTO college (college_id, college_name)VALUES (1011, 'KU Leuven');
INSERT INTO college (college_id, college_name)VALUES (1012, 'University of Basel');
INSERT INTO college (college_id, college_name)VALUES (1013, 'Leiden University');
INSERT INTO college (college_id, college_name)VALUES (1014, 'Erasmus University');
INSERT INTO college (college_id, college_name)VALUES (1015, 'Ghent University');
INSERT INTO college (college_id, college_name)VALUES (1016, 'Aarhus University');
```

(11) 创建 employments 表。代码如下。

```sql
CREATE TABLE employments
(
employment_id VARCHAR(10) NOT NULL,
employment_title VARCHAR(35),
min_salary INT,
max_salary INT
);
```

(12) 向 employments 表中插入数据。代码如下。

```sql
INSERT INTO employments (employment_id, employment_title, min_salary, max_salary)VALUES ('AD_PRES', 'President', 20000, 40000);
INSERT INTO employments (employment_id, employment_title, min_salary, max_salary)VALUES ('AD_VP', 'Administration Vice President', 15000, 30000);
INSERT INTO employments (employment_id, employment_title, min_salary, max_salary)VALUES ('AD_ASST', 'Administration Assistant', 3000, 6000);
```

```sql
    INSERT INTO employments (employment_id, employment_title, min_salary,
max_salary)VALUES ('FI_MGR', 'Finance Manager', 8200, 16000);
    INSERT INTO employments (employment_id, employment_title, min_salary,
max_salary)VALUES ('FI_ACCOUNT', 'Accountant', 4200, 9000);
    INSERT INTO employments (employment_id, employment_title, min_salary,
max_salary)VALUES ('AC_MGR', 'Accounting Manager', 8200, 16000);
    INSERT INTO employments (employment_id, employment_title, min_salary,
max_salary)VALUES ('AC_ACCOUNT', 'Public Accountant', 4200, 9000);
    INSERT INTO employments (employment_id, employment_title, min_salary,
max_salary)VALUES ('SA_MAN', 'Sales Manager', 10000, 20000);
    INSERT INTO employments (employment_id, employment_title, min_salary,
max_salary)VALUES ('SA_REP', 'Sales Representative', 6000, 12000);
    INSERT INTO employments (employment_id, employment_title, min_salary,
max_salary)VALUES ('PU_MAN', 'Purchasing Manager', 8000, 15000);
    INSERT INTO employments (employment_id, employment_title, min_salary,
max_salary)VALUES ('PU_CLERK', 'Purchasing Clerk', 2500, 5500);
    INSERT INTO employments (employment_id, employment_title, min_salary,
max_salary)VALUES ('ST_MAN', 'Stock Manager', 5500, 8500);
    INSERT INTO employments (employment_id, employment_title, min_salary,
max_salary)VALUES ('ST_CLERK', 'Stock Clerk', 2000, 5000);
```

（13）创建 states 表。代码如下。

```sql
CREATE TABLE states
(
state_id CHAR(2),
state_name VARCHAR(40),
area_id INT,
CONSTRAINT state_c_id_pk PRIMARY KEY (state_ID)
);
```

（14）向 states 表中插入数据。代码如下。

```sql
    INSERT INTO states (state_id, state_name, area_id)VALUES ('AR', 'Argentina', 2);
    INSERT INTO states (state_id, state_name, area_id)VALUES ('AU', 'Australia', 3);
    INSERT INTO states (state_id, state_name, area_id)VALUES ('BE', 'Belgium', 1);
    INSERT INTO states (state_id, state_name, area_id)VALUES ('BR', 'Brazil', 2);
    INSERT INTO states (state_id, state_name, area_id)VALUES ('CA', 'Canada', 2);
```

```sql
INSERT INTO states (state_id, state_name, area_id)VALUES ('CH', 'Switzerland', 1);
INSERT INTO states (state_id, state_name, area_id)VALUES ('CN', 'China', 3);
INSERT INTO states (state_id, state_name, area_id)VALUES ('DE', 'Germany', 1);
INSERT INTO states (state_id, state_name, area_id)VALUES ('DK', 'Denmark', 1);
INSERT INTO states (state_id, state_name, area_id)VALUES ('EG', 'Egypt', 4);
INSERT INTO states (state_id, state_name, area_id)VALUES ('FR', 'France', 1);
INSERT INTO states (state_id, state_name, area_id)VALUES ('HK', 'HongKong', 3);
INSERT INTO states (state_id, state_name, area_id)VALUES ('IL', 'Israel', 4);
INSERT INTO states (state_id, state_name, area_id)VALUES ('IN', 'India', 3);
INSERT INTO states (state_id, state_name, area_id)VALUES ('IT', 'Italy', 1);
INSERT INTO states (state_id, state_name, area_id)VALUES ('JP', 'Japan', 3);
INSERT INTO states (state_id, state_name, area_id)VALUES ('KW', 'Kuwait', 4);
INSERT INTO states (state_id, state_name, area_id)VALUES ('MX', 'Mexico', 2);
INSERT INTO states (state_id, state_name, area_id)VALUES ('NG', 'Nigeria', 4);
INSERT INTO states (state_id, state_name, area_id)VALUES ('NL', 'Netherlands', 1);
INSERT INTO states (state_id, state_name, area_id)VALUES ('SG', 'Singapore', 3);
INSERT INTO states (state_id, state_name, area_id)VALUES ('UK', 'United Kingdom', 1);
INSERT INTO states (state_id, state_name, area_id)VALUES ('US', 'United States of America', 2);
INSERT INTO states (state_id, state_name, area_id)VALUES ('ZM', 'Zambia', 4);
INSERT INTO states (state_id, state_name, area_id)VALUES ('ZW', 'Zimbabwe', 4);
```

(15)创建 staffs 表。代码如下。

```sql
CREATE TABLE staffs
(
staff_id INT NOT NULL,
first_name VARCHAR(20),
last_name VARCHAR(25),
email VARCHAR(25),
phone_number VARCHAR(20),
hire_date DATETIME,
employment_id VARCHAR(10),
salary DECIMAL(8,2),
commission_pct DECIMAL(2,2),
manager_id INT,
```

```
section_id INT,
graduated_name VARCHAR(60)
);
```

（16）向 staffs 表中插入数据。代码如下。

```
INSERT INTO staffs (staff_id, first_name, last_name, email, phone_number, hire_date,employment_id, salary, commission_pct, manager_id, section_id)VALUES (198, 'Donald', 'OConnell', 'DOCONNEL', '650.507.9833', str_to_date('21-06-1999', '%d-%m-%Y'), 'SH_CLERK', 2600.00, NULL, 124, 50);

INSERT INTO staffs (staff_id, first_name, last_name, email, phone_number, hire_date,employment_id, salary, commission_pct, manager_id, section_id)VALUES (199, 'Douglas', 'Grant', 'DGRANT', '650.507.9844', str_to_date('13-01-2000', '%d-%m-%Y'), 'SH_CLERK', 2600.00, NULL, 124, 50);

INSERT INTO staffs (staff_id, first_name, last_name, email, phone_number, hire_date,employment_id, salary, commission_pct, manager_id, section_id)VALUES (200, 'Jennifer', 'Whalen', 'JWHALEN', '515.123.4444', str_to_date('17-09-1987', '%d-%m-%Y'), 'AD_ASST', 4400.00, NULL, 101, 10);

INSERT INTO staffs (staff_id, first_name, last_name, email, phone_number, hire_date,employment_id, salary, commission_pct, manager_id, section_id)VALUES (201, 'Michael', 'Hartstein', 'MHARTSTE', '515.123.5555', str_to_date('17-02-1996', '%d-%m-%Y'), 'MK_MAN', 13000.00, NULL, 100, 20);

INSERT INTO staffs (staff_id, first_name, last_name, email, phone_number, hire_date,employment_id, salary, commission_pct, manager_id, section_id)VALUES (202, 'Pat', 'Fay', 'PFAY', '603.123.6666', str_to_date('17-08-1997', '%d-%m-%Y'),'MK_REP', 6000.00, NULL, 201, 20);

INSERT INTO staffs (staff_id, first_name, last_name, email, phone_number, hire_date,employment_id, salary, commission_pct, manager_id, section_id)VALUES (203, 'Susan', 'Mavris', 'SMAVRIS', '515.123.7777', str_to_date('07-06-1994', '%d-%m-%Y'), 'HR_REP', 6500.00, NULL, 101, 40);

INSERT INTO staffs (staff_id, first_name, last_name, email, phone_number, hire_date,employment_id, salary, commission_pct, manager_id, section_id)VALUES (204, 'Hermann', 'Baer', 'HBAER', '515.123.8888', str_to_date('07-06-1994', '%d-%m-%Y'), 'PR_REP', 10000.00, NULL, 101, 70);

INSERT INTO staffs (staff_id, first_name, last_name, email, phone_number, hire_date,employment_id, salary, commission_pct, manager_id, section_id)VALUES (205,
```

'Shelley', 'Higgins', 'SHIGGINS', '515.123.8080', str_to_date('07-06-1994', '%d-%m-%Y'), 'AC_MGR', 12000.00, NULL, 101, 110);

INSERT INTO staffs (staff_id, first_name, last_name, email, phone_number, hire_date,employment_id, salary, commission_pct, manager_id, section_id)VALUES (206, 'William', 'Gietz', 'WGIETZ', '515.123.8181', str_to_date('07-06-1994', '%d-%m-%Y'), 'AC_ACCOUNT', 8300.00, NULL, 205, 110);

INSERT INTO staffs (staff_id, first_name, last_name, email, phone_number, hire_date,employment_id, salary, commission_pct, manager_id, section_id)VALUES (100, 'Steven', 'King', 'SKING', '515.123.4567', str_to_date('17-06-1987', '%d-%m-%Y'),'AD_PRES', 24000.00, NULL, NULL, 90);

INSERT INTO staffs (staff_id, first_name, last_name, email, phone_number, hire_date,employment_id, salary, commission_pct, manager_id, section_id)VALUES (101, 'Neena', 'Kochhar', 'NKOCHHAR', '515.123.4568', str_to_date('21-09-1989', '%d-%m-%Y'), 'AD_VP', 17000.00, NULL, 100, 90);

INSERT INTO staffs (staff_id, first_name, last_name, email, phone_number, hire_date,employment_id, salary, commission_pct, manager_id, section_id)VALUES (102, 'Lex', 'De Haan', 'LDEHAAN', '515.123.4569', str_to_date('13-01-1993', '%d-%m-%Y'), 'AD_VP', 17000.00, NULL, 100, 90);

INSERT INTO staffs (staff_id, first_name, last_name, email, phone_number, hire_date,employment_id, salary, commission_pct, manager_id, section_id)VALUES (103, 'Alexander', 'Hunold', 'AHUNOLD', '590.423.4567', str_to_date('03-01-1990', '%d-%m-%Y'), 'IT_PROG', 9000.00, NULL, 102, 60);

INSERT INTO staffs (staff_id, first_name, last_name, email, phone_number, hire_date,employment_id, salary, commission_pct, manager_id, section_id)VALUES (104, 'Bruce', 'Ernst', 'BERNST', '590.423.4568', str_to_date('21-05-1991', '%d-%m-%Y'), 'IT_PROG', 6000.00, NULL, 103, 60);

INSERT INTO staffs (staff_id, first_name, last_name, email, phone_number, hire_date,employment_id, salary, commission_pct, manager_id, section_id)VALUES (105, 'David', 'Austin', 'DAUSTIN', '590.423.4569', str_to_date('25-06-1997', '%d-%m-%Y'), 'IT_PROG', 4800.00, NULL, 103, 60);

INSERT INTO staffs (staff_id, first_name, last_name, email, phone_number, hire_date,employment_id, salary, commission_pct, manager_id, section_id)VALUES (106, 'Valli', 'Pataballa', 'VPATABAL', '590.423.4560', str_to_date('05-02-1998', '%d-%m-%Y'), 'IT_PROG', 4800.00, NULL, 103, 60);

```
    INSERT INTO staffs (staff_id, first_name, last_name, email, phone_number,
hire_date,employment_id, salary, commission_pct, manager_id, section_id)VALUES (107,
'Diana', 'Lorentz', 'DLORENTZ', '590.423.5567', str_to_date('07-02-1999', '%d-%m-%Y'),
'IT_PROG', 4200.00, NULL, 103, 60);
    INSERT INTO staffs (staff_id, first_name, last_name, email, phone_number,
hire_date,employment_id, salary, commission_pct, manager_id, section_id) VALUES (108,
'Nancy', 'Greenberg', 'NGREENBE', '515.124.4569', str_to_date('17-08-1994',
'%d-%m-%Y'), 'FI_MGR', 12000.00, NULL, 101, 100);
    INSERT INTO staffs (staff_id, first_name, last_name, email, phone_number,
hire_date,employment_id, salary, commission_pct, manager_id, section_id)VALUES (109,
'Daniel', 'Faviet', 'DFAVIET', '515.124.4169', str_to_date('16-08-1994', '%d-%m-%Y'),
'FI_ACCOUNT', 9000.00, NULL, 108, 100);
    INSERT INTO staffs (staff_id, first_name, last_name, email, phone_number,
hire_date,employment_id, salary, commission_pct, manager_id, section_id)VALUES (110,
'John', 'Chen', 'JCHEN', '515.124.4269', str_to_date('28-09-1997',
'%d-%m-%Y'),'FI_ACCOUNT', 8200.00, NULL, 108, 100);
```

3.1.3 数据查询

本小节通过数据查询语言（Data Query Language，DQL）来介绍如何从表中查询数据，包括简单查询、带条件查询、连接查询、子查询、数据分组、数据排序和数据限制等，目的是帮助读者了解 DQL 的语法结构，掌握各种场景下 DQL 的使用方法。本实验任务如下。

1. 简单查询

SELECT 是通过 FROM 子句实现的查询。

（1）SELECT 语句使用*号查询 employments 表中的所有记录。代码及结果如下。

```
SELECT * FROM employments;

# employment_id, employment_title, min_salary, max_salary
AD_PRES, President, 20000, 40000
AD_VP, Administration Vice President, 15000, 30000
AD_ASST, Administration Assistant, 3000, 6000
FI_MGR, Finance Manager, 8200, 16000
FI_ACCOUNT, Accountant, 4200, 9000
AC_MGR, Accounting Manager, 8200, 16000
```

```
AC_ACCOUNT, Public Accountant, 4200, 9000
SA_MAN, Sales Manager, 10000, 20000
SA_REP, Sales Representative, 6000, 12000
PU_MAN, Purchasing Manager, 8000, 15000
PU_CLERK, Purchasing Clerk, 2500, 5500
ST_MAN, Stock Manager, 5500, 8500
ST_CLERK, Stock Clerk, 2000, 5000
```

（2）查看 employments 表中的岗位 ID 号和最低薪水。代码及结果如下。

```
SELECT employment_id, min_salary FROM employments;

# employment_id, min_salary
AD_PRES, 20000
AD_VP, 15000
AD_ASST, 3000
FI_MGR, 8200
FI_ACCOUNT, 4200
AC_MGR, 8200
AC_ACCOUNT, 4200
SA_MAN, 10000
SA_REP, 6000
PU_MAN, 8000
PU_CLERK, 2500
ST_MAN, 5500
ST_CLERK, 2000
```

（3）使用 employments 表别名。代码及结果如下。

```
SELECT employment_id as id,min_salary FROM employments;

# id, min_salary
AD_PRES, 20000
AD_VP, 15000
AD_ASST, 3000
FI_MGR, 8200
FI_ACCOUNT, 4200
AC_MGR, 8200
```

```
AC_ACCOUNT, 4200
SA_MAN, 10000
SA_REP, 6000
PU_MAN, 8000
PU_CLERK, 2500
ST_MAN, 5500
ST_CLERK, 2000
```

2. 带条件查询

在 SELECT 语句中，可以通过设置条件来得到更精确的查询结果。使用比较操作符">""<"">=""<=""!=""<>""="来指定查询条件。

（1）在 staffs 表中查询岗位是 FI_ACCOUNT 的职员信息。代码及结果如下。

```
SELECT staff_id,first_name, employment_id FROM staffs WHERE employment_id = 'FI_ACCOUNT';

# staff_id, first_name, employment_id
109, Daniel, FI_ACCOUNT
110, John, FI_ACCOUNT
```

（2）从 staffs 表中查询 1995 年后入职且薪水超过 5000 元的职员信息。代码及结果如下。

```
SELECT staff_id,first_name,hire_date,salary FROM staffs WHERE hire_date>'1995-01-01 00:00:00'and salary>'5000';

# staff_id, first_name, hire_date, salary
201, Michael, 1996-02-17 00:00:00, 13000.00
202, Pat, 1997-08-17 00:00:00, 6000.00
110, John, 1997-09-28 00:00:00, 8200.00
```

（3）从 staffs 表和 employment_history 表中查看职员的姓名和入职时间。代码及结果如下。

```
SELECT e.start_date,s.first_name,s.last_name FROM employment_history e, staffs s WHERE e.staff_id = s.staff_id;

# start_date, first_name, last_name
1994-07-01 00:00:00, Jennifer, Whalen
1987-09-17 00:00:00, Jennifer, Whalen
1996-02-17 00:00:00, Michael, Hartstein
```

```
1993-10-28 00:00:00, Neena, Kochhar
1989-09-21 00:00:00, Neena, Kochhar
1993-01-13 00:00:00, Lex, De Haan
```

3. 连接查询

在实际工作中查看需要的数据时,经常会需要查询两个或两个以上的表。这种查询两个或两个以上数据表或视图的查询叫作连接查询。连接查询通常建立在存在相互关系的父子表之间。

内连接的关键字为 INNER JOIN,其中 INNER 可以省略。使用内连接时,连接的执行顺序必然遵循语句中表的顺序。

(1)使用内连接查询经理 ID 号和其所在部门名称,对 staffs 和 sections 两个表中相关的列(manager_id)进行连接查询操作。代码及结果如下。

```
SELECT a.manager_id,section_name FROM staffs a JOIN sections b ON
a.manager_id=b.manager_id;

# manager_id, section_name
201, Marketing
103, IT
103, IT
103, IT
103, IT
100, Executive
100, Executive
100, Executive
108, Finance
108, Finance
205, Accounting
```

(2)左外连接关键字为 left join on,左外连接是指左表的记录将会全部表示出来,而右表只会显示符合搜索条件的记录。使用左外连接查询表 staffs 和表 sections。代码及结果如下。

```
SELECT a.manager_id,section_name FROM staffs a LEFT JOIN sections b ON
a.manager_id=b.manager_id;

# manager_id, section_name
124,
124,
```

101,

100, Executive

201, Marketing

101,

101,

101,

205, Accounting

,

100, Executive

100, Executive

102,

103, IT

103, IT

103, IT

103, IT

101,

108, Finance

108, Finance

（3）右外连接关键字为 right join on，右外连接是指右表的记录将会全部表示出来，而左表只会显示符合搜索条件的记录。使用右外连接查询表 staffs 和表 sections。代码及结果如下。

```
SELECT a.manager_id,section_name FROM staffs a RIGHT JOIN sections b ON a.manager_id=b.manager_id;

# manager_id, section_name

, Administration

201, Marketing

, Purchasing

, Human Resources

, Shipping

103, IT

103, IT

103, IT

103, IT

, Public Relations
```

```
, Sales
100, Executive
100, Executive
100, Executive
108, Finance
108, Finance
205, Accounting
, Treasury
, Corporate Tax
, Control And Credit
, Shareholder Services
, Benefits
, Manufacturing
, Construction
, Contracting
, Operations
, IT Support
, NOC
, IT Helpdesk
, Government Sales
, Retail Sales
, Recruiting
, Payroll
```

4. 子查询

子查询的结果集将被作为条件进行父查询。通过相关子查询，查找每个部门中薪水高出部门平均水平的职员。代码如下。

```
SELECT s1.last_name, s1.section_id, s1.salary
FROM staffs s1
WHERE salary >(SELECT AVG(salary) FROM staffs s2 WHERE s2.section_id = s1.section_id)
ORDER BY s1.section_id;
```

对于 staffs 表的每一行，父查询使用相关子查询来计算同一部门职员的平均薪水。

相关子查询对 staffs 表的每一行执行以下步骤。

（1）确定行的 section_id。

（2）使用 section_id 来评估父查询。

（3）如果此行中的薪水高于所在部门的平均薪水，则返回该行。

对于 staffs 表的每一行，子查询都要计算一次。

查询结果如下。

```
# last_name, section_id, salary
Hartstein, 20, 13000.00
Hunold, 60, 9000.00
Ernst, 60, 6000.00
King, 90, 24000.00
Greenberg, 100, 12000.00
Higgins, 110, 12000.00
```

5. 数据分组

使用 GROUP BY 子句对查询语句进行分组。

查询各部门职员总数，并按照 section_id 分组。代码及结果如下。

```
SELECT section_id, COUNT(staff_id) FROM staffs GROUP BY section_id ORDER BY section_id;

# section_id, COUNT(staff_id)
10, 1
20, 2
40, 1
50, 2
60, 5
70, 1
90, 3
100, 3
110, 2
```

6. 数据排序

使用 ORDER BY 子句对查询语句返回的结果进行排序。

（1）查询各岗位职员的薪水信息，查询结果先按岗位（employment_id）升序排列，然后按薪水（salary）降序排列。代码及结果如下。

```
SELECT employment_id,staff_id,salary FROM staffs ORDER BY employment_id,salary DESC;
```

```
# employment_id, staff_id, salary
AC_ACCOUNT, 206, 8300.00
AC_MGR, 205, 12000.00
AD_ASST, 200, 4400.00
AD_PRES, 100, 24000.00
AD_VP, 102, 17000.00
AD_VP, 101, 17000.00
FI_ACCOUNT, 109, 9000.00
FI_ACCOUNT, 110, 8200.00
FI_MGR, 108, 12000.00
HR_REP, 203, 6500.00
IT_PROG, 103, 9000.00
IT_PROG, 104, 6000.00
IT_PROG, 105, 4800.00
IT_PROG, 106, 4800.00
IT_PROG, 107, 4200.00
MK_MAN, 201, 13000.00
MK_REP, 202, 6000.00
PR_REP, 204, 10000.00
SH_CLERK, 199, 2600.00
SH_CLERK, 198, 2600.00
```

（2）在 ORDER BY 子句中使用位置表示法，用数字表示该排序字段是查询字段列表中的第几个字段。代码及结果如下。

```
SELECT employment_id,staff_id,salary FROM staffs ORDER BY 1,3 DESC;

# employment_id, staff_id, salary
AC_ACCOUNT, 206, 8300.00
AC_MGR, 205, 12000.00
AD_ASST, 200, 4400.00
AD_PRES, 100, 24000.00
AD_VP, 102, 17000.00
AD_VP, 101, 17000.00
FI_ACCOUNT, 109, 9000.00
FI_ACCOUNT, 110, 8200.00
```

```
FI_MGR, 108, 12000.00
HR_REP, 203, 6500.00
IT_PROG, 103, 9000.00
IT_PROG, 104, 6000.00
IT_PROG, 105, 4800.00
IT_PROG, 106, 4800.00
IT_PROG, 107, 4200.00
MK_MAN, 201, 13000.00
MK_REP, 202, 6000.00
PR_REP, 204, 10000.00
SH_CLERK, 199, 2600.00
SH_CLERK, 198, 2600.00
```

7. 数据限制

LIMIT 子句允许限制查询返回的行。

LIMIT 子句可以指定偏移量，以及要返回的行数或行百分比。可以使用此子句实现 top-N 报表。要获得一致的结果，请指定 ORDER BY 子句以确保确定的排列顺序。

（1）不使用 LIMIT 子句查询薪水超过 7000 元的职员信息。代码及结果如下。

```
SELECT staff_id,first_name,employment_id,salary FROM staffs WHERE salary>7000;

# staff_id, first_name, employment_id, salary
201, Michael, MK_MAN, 13000.00
204, Hermann, PR_REP, 10000.00
205, Shelley, AC_MGR, 12000.00
206, William, AC_ACCOUNT, 8300.00
100, Steven, AD_PRES, 24000.00
101, Neena, AD_VP, 17000.00
102, Lex, AD_VP, 17000.00
103, Alexander, IT_PROG, 9000.00
108, Nancy, FI_MGR, 12000.00
109, Daniel, FI_ACCOUNT, 9000.00
110, John, FI_ACCOUNT, 8200.00
```

（2）通过增加 LIMIT 2,2 来限定查询时跳过前 2 行，总共查询 2 行数据，实现获得薪水超过 7000 元的职员信息。代码及结果如下。

```
SELECT staff_id,first_name,employment_id,salary FROM staffs WHERE salary>7000
```

```
LIMIT 2,2;

    # staff_id, first_name, employment_id, salary
    205, Shelley, AC_MGR, 12000.00
    206, William, AC_ACCOUNT, 8300.00
```

（3）通过增加 LIMIT 2 OFFSET 2 来限定查询时跳过前 2 行，总共查询 2 行数据，实现获得薪水超过 7000 元的职员信息。本例与使用 LIMIT 2,2 限定查询返回的结果一样。代码及结果如下。

```
SELECT staff_id,first_name,employment_id,salary FROM staffs WHERE salary>7000
LIMIT 2 OFFSET 2;

    # staff_id, first_name, employment_id, salary
    205, Shelley, AC_MGR, 12000.00
    206, William, AC_ACCOUNT, 8300.00
```

3.1.4 数据更新

本小节通过数据操作语言（Data Manipulation Language，DML）来介绍如何对数据库表中的数据进行更新操作，主要包括数据插入、数据修改和数据删除，目的是帮助读者了解 DML 的语法结构，掌握各种场景下 DML 的使用方法。本实验任务如下。

1. **数据插入**

数据插入是指向表中插入新的数据。

INSERT 语句有以下 3 种形式。

第一种是值插入，即构造一行记录并插入表中。

第二种形式是查询插入，它通过 SELECT 子句返回的结果集构造一行或多行记录并插入表中。

第三种是先插入记录，如果提示主键冲突错误则执行 UPDATE 操作，更新指定字段值。

（1）更换管理员用户登录工作台，并进入 demodb 数据库。代码如下。

```
use demodb;
```

（2）删除表 sections。代码如下。

```
DROP TABLE IF EXISTS sections;
```

（3）创建新的 sections 表。代码如下。

```
CREATE TABLE sections
(
section_id INT NOT NULL PRIMARY KEY,
```

```
    section_name VARCHAR(30),
    manager_id INT,
    place_id INT
);
```

（4）向表 sections 中插入数据。代码如下。

```
INSERT INTO sections (section_id, section_name, manager_id, place_id)VALUES (10, 'Administration', 200, 1700);
INSERT INTO sections (section_id, section_name, manager_id, place_id)VALUES (20, 'Marketing', 201, 1800);
INSERT INTO sections (section_id, section_name, manager_id, place_id)VALUES (30, 'Purchasing', 114, 1700);
INSERT INTO sections (section_id, section_name, manager_id, place_id)VALUES (40, 'Human Resources', 203, 2400);
INSERT INTO sections (section_id, section_name, manager_id, place_id)VALUES (50, 'Shipping', 121, 1500);
INSERT INTO sections (section_id, section_name, manager_id, place_id)VALUES (60, 'IT', 103, 1400);
INSERT INTO sections (section_id, section_name, manager_id, place_id)VALUES (70, 'Public Relations', 204, 2700);
INSERT INTO sections (section_id, section_name, manager_id, place_id)VALUES (80, 'Sales', 145, 2500);
INSERT INTO sections (section_id, section_name, manager_id, place_id)VALUES (90, 'Executive', 100, 1700);
INSERT INTO sections (section_id, section_name, manager_id, place_id)VALUES (100, 'Finance', 108, 1700);
INSERT INTO sections (section_id, section_name, manager_id, place_id)VALUES (110, 'Accounting', 205, 1700);
```

2. 数据修改

更新表 sections 中 section_id 和表 employment_history 中 section_id 相同的记录。

（1）查询表 sections 的所有记录。代码及结果如下。

```
SELECT * FROM sections;

# section_id, section_name, manager_id, place_id
10, Administration, 200, 1700
```

```
20, Marketing, 201, 1800
30, Purchasing, 114, 1700
40, Human Resources, 203, 2400
50, Shipping, 121, 1500
60, IT, 103, 1400
70, Public Relations, 204, 2700
80, Sales, 145, 2500
90, Executive, 100, 1700
100, Finance, 108, 1700
110, Accounting, 205, 1700
```

（2）更新表 sections 中 section_id 和表 employment_history 中 section_id 相同的记录，修改其中的 manager_id 为其他值。代码如下。

```
UPDATE sections INNER JOIN employment_history ON sections.section_id = employment_history.section_id SET sections.manager_id = 200;
```

（3）查询表 sections 的所有记录。代码及结果如下。

```
SELECT * FROM sections;

# section_id, section_name, manager_id, place_id
10, Administration, 200, 1700
20, Marketing, 200, 1800
30, Purchasing, 114, 1700
40, Human Resources, 203, 2400
50, Shipping, 200, 1500
60, IT, 200, 1400
70, Public Relations, 204, 2700
80, Sales, 200, 2500
90, Executive, 200, 1700
100, Finance, 108, 1700
110, Accounting, 200, 1700
```

（4）查询表 employment_history 的所有记录。代码及结果如下。

```
SELECT * FROM employment_history;

# id, staff_id, start_date, end_date, employment_id, section_id
1, 102, 1993-01-13 00:00:00, 1998-07-24 00:00:00, IT_PROG, 60
```

```
2, 101, 1989-09-21 00:00:00, 1993-10-27 00:00:00, AC_ACCOUNT, 110
3, 101, 1993-10-28 00:00:00, 1997-03-15 00:00:00, AC_MGR, 110
4, 201, 1996-02-17 00:00:00, 1999-12-19 00:00:00, MK_REP, 20
5, 114, 1998-03-24 00:00:00, 1999-12-31 00:00:00, ST_CLERK, 50
6, 122, 1999-01-01 00:00:00, 1999-12-31 00:00:00, ST_CLERK, 50
7, 200, 1987-09-17 00:00:00, 1993-06-17 00:00:00, AD_ASST, 90
8, 176, 1998-03-24 00:00:00, 1998-12-31 00:00:00, SA_REP, 80
9, 176, 1999-01-01 00:00:00, 1999-12-31 00:00:00, SA_MAN, 80
10, 200, 1994-07-01 00:00:00, 1998-12-31 00:00:00, AC_ACCOUNT, 90
```

（5）更新表 employment_history 中的数据。代码如下。

```
#关闭安全模式，允许更新主键以外的列
SET SQL_SAFE_UPDATES = 0;
#更新表
UPDATE employment_history SET  employment_id='SA_REP' WHERE staff_id=101;
```

（6）查询表 employment_history 的所有记录。代码及结果如下。

```
SELECT * FROM employment_history;

# id, staff_id, start_date, end_date, employment_id, section_id
1, 102, 1993-01-13 00:00:00, 1998-07-24 00:00:00, IT_PROG, 60
2, 101, 1989-09-21 00:00:00, 1993-10-27 00:00:00, SA_REP, 110
3, 101, 1993-10-28 00:00:00, 1997-03-15 00:00:00, SA_REP, 110
4, 201, 1996-02-17 00:00:00, 1999-12-19 00:00:00, MK_REP, 20
5, 114, 1998-03-24 00:00:00, 1999-12-31 00:00:00, ST_CLERK, 50
6, 122, 1999-01-01 00:00:00, 1999-12-31 00:00:00, ST_CLERK, 50
7, 200, 1987-09-17 00:00:00, 1993-06-17 00:00:00, AD_ASST, 90
8, 176, 1998-03-24 00:00:00, 1998-12-31 00:00:00, SA_REP, 80
9, 176, 1999-01-01 00:00:00, 1999-12-31 00:00:00, SA_MAN, 80
10, 200, 1994-07-01 00:00:00, 1998-12-31 00:00:00, AC_ACCOUNT, 90
```

3. 数据删除

数据删除是指从表中删除行。

（1）删除表中与另外一个表匹配的行记录。代码如下。

```
DELETE table_ref_list FROM join_table;
```

或

```
DELETE FROM table_ref_list USING join_table;
```

（2）批量删除表 sections 中 section_id 和表 employment_history 中 section_id 相同的记录。查询表 sections 的所有记录。代码及结果如下。

```
SELECT * FROM sections;

# section_id, section_name, manager_id, place_id
10, Administration, 200, 1700
20, Marketing, 200, 1800
30, Purchasing, 114, 1700
40, Human Resources, 203, 2400
50, Shipping, 200, 1500
60, IT, 200, 1400
70, Public Relations, 204, 2700
80, Sales, 200, 2500
90, Executive, 200, 1700
100, Finance, 108, 1700
110, Accounting, 200, 1700
```

（3）批量删除表 sections 中 section_id 和表 employment_history 中 section_id 相同的记录。代码如下。

```
DELETE sections FROM employment_history JOIN sections ON sections.section_id = employment_history.section_id;
```

（4）查询表 sections 的所有记录。代码及结果如下。

```
SELECT * FROM sections;

# section_id, section_name, manager_id, place_id
10, Administration, 200, 1700
30, Purchasing, 114, 1700
40, Human Resources, 203, 2400
70, Public Relations, 204, 2700
100, Finance, 108, 1700
```

（5）查询表 employment_history 的所有记录。代码及结果如下。

```
SELECT * FROM employment_history;

# id, staff_id, start_date, end_date, employment_id, section_id
1, 102, 1993-01-13 00:00:00, 1998-07-24 00:00:00, IT_PROG, 60
```

```
2, 101, 1989-09-21 00:00:00, 1993-10-27 00:00:00, SA_REP, 110
3, 101, 1993-10-28 00:00:00, 1997-03-15 00:00:00, SA_REP, 110
4, 201, 1996-02-17 00:00:00, 1999-12-19 00:00:00, MK_REP, 20
5, 114, 1998-03-24 00:00:00, 1999-12-31 00:00:00, ST_CLERK, 50
6, 122, 1999-01-01 00:00:00, 1999-12-31 00:00:00, ST_CLERK, 50
7, 200, 1987-09-17 00:00:00, 1993-06-17 00:00:00, AD_ASST, 90
8, 176, 1998-03-24 00:00:00, 1998-12-31 00:00:00, SA_REP, 80
9, 176, 1999-01-01 00:00:00, 1999-12-31 00:00:00, SA_MAN, 80
10, 200, 1994-07-01 00:00:00, 1998-12-31 00:00:00, AC_ACCOUNT, 90
```

（6）删除表 employment_history 中同时满足 employment_id='AD_ASST'和 staff_id=200 的记录。代码如下。

```
DELETE FROM employment_history WHERE employment_id='AD_ASST' AND staff_id=200;
```

（7）查询表 employment_history 的所有记录。代码及结果如下。

```
select * from employment_history;

# id, staff_id, start_date, end_date, employment_id, section_id
1, 102, 1993-01-13 00:00:00, 1998-07-24 00:00:00, IT_PROG, 60
2, 101, 1989-09-21 00:00:00, 1993-10-27 00:00:00, SA_REP, 110
3, 101, 1993-10-28 00:00:00, 1997-03-15 00:00:00, SA_REP, 110
4, 201, 1996-02-17 00:00:00, 1999-12-19 00:00:00, MK_REP, 20
5, 114, 1998-03-24 00:00:00, 1999-12-31 00:00:00, ST_CLERK, 50
6, 122, 1999-01-01 00:00:00, 1999-12-31 00:00:00, ST_CLERK, 50
8, 176, 1998-03-24 00:00:00, 1998-12-31 00:00:00, SA_REP, 80
9, 176, 1999-01-01 00:00:00, 1999-12-31 00:00:00, SA_MAN, 80
10, 200, 1994-07-01 00:00:00, 1998-12-31 00:00:00, AC_ACCOUNT, 90
```

（8）删除表 sections 的所有记录。代码如下。

```
DELETE FROM sections;
```

（9）查询表 sections 的所有记录。代码及结果如下。

```
SELECT * FROM sections;

# section_id, section_name, manager_id, place_id.
```

3.1.5 数据定义

本小节通过数据定义语言（Data Definition Language，DDL）来介绍如何定义或修改数据库中的对象，如表、索引、视图、数据库、用户、角色、表空间等。学习本小节之后读者可了解 DDL 的语法结构，掌握各种场景下 DDL 的使用方法。本实验任务如下。

1. 定义表

表是数据库中的一种特殊数据结构，用于存储数据对象及对象之间的关系。与表相关的 DDL 语句包括创建表、修改表属性、删除表和删除表中所有数据。

创建表时使用表名（如 staffs）和一组列信息来定义表。每个列有两个属性：列名和数据类型。例如，列名 staff_id 的数据类型为 INT；列名 first_name 的数据类型为 VARCHAR(20)。每一列可以指定完整性约束（NOT NULL），以保证这一列的每行中都包含一个值。

创建表之后，可以使用 INSERT 命令插入数据或使用数据导入导出工具操作数据，还可以直接使用 CREATE TABLE AS QUERY 语句创建一个包含数据的表。

表的列和相关的数据类型。列的数据类型决定该列包含的数据值的类型，应选择尽可能少占用空间的数据类型。例如，使用 VARCHAR 类型存储字符串，使用 DATETIME 类型或者 TIMESTAMP 类型存储日期，使用 INT 类型存储数字。当使用空格填充类型的时候，增加容量使用 CHAR、VARCHAR 和 TEXT 类型没有性能差异。在大多数情况下使用 TEXT 或 VARCHAR 类型优于使用 CHAR 类型。

如果要连接两个表，则连接的那一列需要为相同的数据类型。表的连接通常是以一个表的主键作为另一个表的外键来实现的。如果数据类型不同，数据库必须对其中的一个进行转换，这会导致数据值需要比较正确性，产生不必要的开销。

表和列的约束。如果定义表和列的约束条件，则表和列中包含的数据就会受到限制。

– [NOT] NULL　　（不）允许该列值为空。

– UNIQUE　　值唯一，允许为空，一张表中可以有多个列为 UNIQUE。

– PRIMARY KEY　　主键，设为主键的列不能为空，一张表中只能建立一个主键。

（1）创建 staffs 普通表。代码如下。

```
DROP TABLE IF EXISTS staffs;
CREATE TABLE staffs
(
staff_id INT UNSIGNED NOT NULL,
first_name VARCHAR(20),
last_name VARCHAR(25),
email VARCHAR(25),
phone_number VARCHAR(20),
hire_date DATETIME,
employment_id VARCHAR(10),
salary DECIMAL(8,2),
commission_pct DECIMAL(2,2),
```

```
    manager_id INT,
    section_id INT,
    graduated_name VARCHAR(60)
);
```

（2）向 staffs 表中插入数据。代码如下。

```
INSERT INTO staffs (staff_id, first_name, last_name, email, phone_number, hire_date,employment_id, salary, commission_pct, manager_id, section_id)VALUES (198, 'Donald', 'OConnell', 'DOCONNEL', '650.507.9833', str_to_date('21-06-1999', '%d-%m-%Y'), 'SH_CLERK', 2600.00, NULL, 124, 50);
INSERT INTO staffs (staff_id, first_name, last_name, email, phone_number, hire_date,employment_id, salary, commission_pct, manager_id, section_id)VALUES (199, 'Douglas', 'Grant', 'DGRANT', '650.507.9844', str_to_date('13-01-2000', '%d-%m-%Y'), 'SH_CLERK', 2600.00, NULL, 124, 50);
INSERT INTO staffs (staff_id, first_name, last_name, email, phone_number, hire_date,employment_id, salary, commission_pct, manager_id, section_id)VALUES (200, 'Jennifer', 'Whalen', 'JWHALEN', '515.123.4444', str_to_date('17-09-1987', '%d-%m-%Y'), 'AD_ASST', 4400.00, NULL, 101, 10);
INSERT INTO staffs (staff_id, first_name, last_name, email, phone_number, hire_date,employment_id, salary, commission_pct, manager_id, section_id)VALUES (201, 'Michael', 'Hartstein', 'MHARTSTE', '515.123.5555', str_to_date('17-02-1996', '%d-%m-%Y'), 'MK_MAN', 13000.00, NULL, 100, 20);
INSERT INTO staffs (staff_id, first_name, last_name, email, phone_number, hire_date,employment_id, salary, commission_pct, manager_id, section_id)VALUES (202, 'Pat', 'Fay', 'PFAY', '603.123.6666', str_to_date('17-08-1997', '%d-%m-%Y'),'MK_REP', 6000.00, NULL, 201, 20);
INSERT INTO staffs (staff_id, first_name, last_name, email, phone_number, hire_date,employment_id, salary, commission_pct, manager_id, section_id)VALUES (203, 'Susan', 'Mavris', 'SMAVRIS', '515.123.7777', str_to_date('07-06-1994', '%d-%m-%Y'), 'HR_REP', 6500.00, NULL, 101, 40);
INSERT INTO staffs (staff_id, first_name, last_name, email, phone_number, hire_date,employment_id, salary, commission_pct, manager_id, section_id)VALUES (204, 'Hermann', 'Baer', 'HBAER', '515.123.8888', str_to_date('07-06-1994', '%d-%m-%Y'), 'PR_REP', 10000.00, NULL, 101, 70);
INSERT INTO staffs (staff_id, first_name, last_name, email, phone_number,
```

```sql
hire_date,employment_id, salary, commission_pct, manager_id, section_id)VALUES (205,
'Shelley', 'Higgins', 'SHIGGINS', '515.123.8080', str_to_date('07-06-1994',
'%d-%m-%Y'), 'AC_MGR', 12000.00, NULL, 101, 110);
    INSERT INTO staffs (staff_id, first_name, last_name, email, phone_number,
hire_date,employment_id, salary, commission_pct, manager_id, section_id)VALUES (206,
'William', 'Gietz', 'WGIETZ', '515.123.8181', str_to_date('07-06-1994', '%d-%m-%Y'),
'AC_ACCOUNT', 8300.00, NULL, 205, 110);
    INSERT INTO staffs (staff_id, first_name, last_name, email, phone_number,
hire_date,employment_id, salary, commission_pct, manager_id, section_id)VALUES (100,
'Steven', 'King', 'SKING', '515.123.4567', str_to_date('17-06-1987', '%d-%m-%Y'),
'AD_PRES', 24000.00, NULL, NULL, 90);
    INSERT INTO staffs (staff_id, first_name, last_name, email, phone_number,
hire_date,employment_id, salary, commission_pct, manager_id, section_id)VALUES (101,
'Neena', 'Kochhar', 'NKOCHHAR', '515.123.4568', str_to_date('21-09-1989', '%d-%m-%Y'),
'AD_VP', 17000.00, NULL, 100, 90);
    INSERT INTO staffs (staff_id, first_name, last_name, email, phone_number,
hire_date,employment_id, salary, commission_pct, manager_id, section_id)VALUES (102,
'Lex', 'De Haan', 'LDEHAAN', '515.123.4569', str_to_date('13-01-1993', '%d-%m-%Y'),
'AD_VP', 17000.00, NULL, 100, 90);
    INSERT INTO staffs (staff_id, first_name, last_name, email, phone_number,
hire_date,employment_id, salary, commission_pct, manager_id, section_id)VALUES (103,
'Alexander', 'Hunold', 'AHUNOLD', '590.423.4567', str_to_date('03-01-1990',
'%d-%m-%Y'), 'IT_PROG', 9000.00, NULL, 102, 60);
    INSERT INTO staffs (staff_id, first_name, last_name, email, phone_number,
hire_date,employment_id, salary, commission_pct, manager_id, section_id)VALUES (104,
'Bruce', 'Ernst', 'BERNST', '590.423.4568', str_to_date('21-05-1991', '%d-%m-%Y'),
'IT_PROG', 6000.00, NULL, 103, 60);
    INSERT INTO staffs (staff_id, first_name, last_name, email, phone_number,
hire_date,employment_id, salary, commission_pct, manager_id, section_id)VALUES (105,
'David', 'Austin', 'DAUSTIN', '590.423.4569', str_to_date('25-06-1997', '%d-%m-%Y'),
'IT_PROG', 4800.00, NULL, 103, 60);
    INSERT INTO staffs (staff_id, first_name, last_name, email, phone_number,
hire_date,employment_id, salary, commission_pct, manager_id, section_id)VALUES (106,
'Valli', 'Pataballa', 'VPATABAL', '590.423.4560', str_to_date('05-02-1998',
```

```sql
'%d-%m-%Y'), 'IT_PROG', 4800.00, NULL, 103, 60);
INSERT INTO staffs (staff_id, first_name, last_name, email, phone_number, hire_date,employment_id, salary, commission_pct, manager_id, section_id)VALUES (107, 'Diana', 'Lorentz', 'DLORENTZ', '590.423.5567', str_to_date('07-02-1999', '%d-%m-%Y'), 'IT_PROG', 4200.00, NULL, 103, 60);
INSERT INTO staffs (staff_id, first_name, last_name, email, phone_number, hire_date,employment_id, salary, commission_pct, manager_id, section_id) VALUES (108, 'Nancy', 'Greenberg', 'NGREENBE', '515.124.4569', str_to_date('17-08-1994', '%d-%m-%Y'), 'FI_MGR', 12000.00, NULL, 101, 100);
INSERT INTO staffs (staff_id, first_name, last_name, email, phone_number, hire_date,employment_id, salary, commission_pct, manager_id, section_id)VALUES (109, 'Daniel', 'Faviet', 'DFAVIET', '515.124.4169', str_to_date('16-08-1994', '%d-%m-%Y'), 'FI_ACCOUNT', 9000.00, NULL, 108, 100);
INSERT INTO staffs (staff_id, first_name, last_name, email, phone_number, hire_date,employment_id, salary, commission_pct, manager_id, section_id)VALUES (110, 'John', 'Chen', 'JCHEN', '515.124.4269', str_to_date('28-09-1997', '%d-%m-%Y'), 'FI_ACCOUNT', 8200.00, NULL, 108, 100);
```

2. 创建临时表

GaussDB(for MySQL)支持创建临时表。在处理复杂查询时，临时表用来保存一个会话或者一个事务中需要的数据。在会话退出后，临时表会自动清除。

（1）创建临时表 staff_history_session。代码如下。

```sql
CREATE TEMPORARY TABLE staff_history_session
(startdate DATETIME,
enddate DATETIME
);
```

（2）向临时表 staff_history_session 中插入 3 条数据并提交事务。代码如下。

```sql
INSERT INTO staff_history_session VALUES('2019-05-27','2019-09-20');
INSERT INTO staff_history_session VALUES('2017-04-13','2019-02-15');
INSERT INTO staff_history_session VALUES('2018-01-08','2018-12-30');
```

（3）查询临时表 staff_history_session 中的所有记录。代码及结果如下。

```
SELECT * FROM staff_history_session;

startdate              enddate
---------------------- ----------------------
```

2019-05-27 00:00:00	2019-09-20 00:00:00
2017-04-13 00:00:00	2019-02-15 00:00:00
2018-01-08 00:00:00	2018-12-30 00:00:00

（4）断开连接，以管理员身份连接数据库。

（5）查询临时表 staff_history_session 中的所有记录。代码及结果如下。

```
#连接 demodb 数据库
USE demodb;
#查询临时表
SELECT * FROM staff_history_session;


Error Code: 1146. Table 'demodb.staff_history_session' doesn't exist.
```

（6）修改表属性。

在创建表后如果业务场景发生变动，使用 ALTER TABLE 命令可以更改表的定义。

① 将 staffs 表重命名为 staffs_group。代码如下。

```
ALTER TABLE staffs RENAME TO staffs_group;
```

② 在 staffs_group 表中增加 graduated_time 列，定义数据类型为 DATETIME。代码如下。

```
ALTER TABLE staffs_group ADD graduated_time DATETIME;
```

③ 确保修改后的数据类型不会与现有数据类型冲突（如果冲突，需要将该列的数据清除），修改 staffs_group 表 staff_id 列的数据类型为 BIGINT。代码如下。

```
ALTER TABLE staffs_group MODIFY staff_id BIGINT;
```

④ 删除 staffs_group 表的 commission_pct 列。代码如下。

```
ALTER TABLE staffs_group DROP commission_pct;
```

⑤ 向 staffs_group 表中添加约束：salary 高于 1000 且 staff_id 唯一。代码如下。

```
ALTER TABLE staffs_group ADD CONSTRAINT ck_staffs CHECK(salary>1000);
ALTER TABLE staffs_group ADD CONSTRAINT uq_staffs UNIQUE(staff_id);
```

⑥ 向表中插入数据时若不满足约束条件则会报错。代码及结果如下。

```
INSERT INTO staffs_group (staff_id,first_name,salary)values(101,'Donald',800);


Error Code: 3819. Check constraint 'ck_staffs' is violated.
```

（7）删除表中数据。

有些情况下当表中的数据不再使用时，需要删除表中的所有记录，即清空该表。

① 使用 DELETE 语句删除表 staffs_group 中的记录。

删除 staffs_group 表中 staff_id 为 198 的记录。代码如下。

```
DELETE FROM staffs_group WHERE staff_id = '198';
```

删除 staffs_group 表中所有的记录。代码如下。

```
--关闭安全模式
SET sql_safe_updates=0;
--删除 staffs_group 表
DELETE FROM staffs_group;
```

② 使用 TRUNCATE 语句删除表中的所有记录。注意 TRUNCATE 语句不能回滚。代码如下。

```
TRUNCATE TABLE staffs_group;
```

（8）删除表。

当不再需要表中的数据及表定义时，可以使用 DROP TABLE 命令删除此表。

删除 staffs_group 表。代码如下。

```
DROP TABLE IF EXISTS staffs_group;
```

3．定义索引

索引可以提高数据的访问速度，但同时增加了插入、更新和删除表的处理时间。所以是否要为表建立索引、将索引建立在哪些字段上，是创建索引前必须要考虑的问题。读者需要分析应用程序的业务处理、数据使用方式、经常被用作查询条件或者被要求排序的字段来确定是否建立索引。索引相关的 DDL 语句包括创建索引、删除索引属性和删除索引。

按照索引列数可将索引分为单列索引和多列索引。

单列索引：仅在一列上建立索引。

多列索引：又称为组合索引。若一个索引中包含多列，只有在查询条件中使用了创建索引时使用的第一个字段，索引才会被使用；GaussDB(for MySQL)多列索引最多支持 16 个字段，长度累加最多为 3900 字节（以最大类型长度为准）。

按照索引的使用方法可以将索引分为以下几种。

普通索引：默认创建的 B+Tree 索引。

唯一索引：列值或列值组合唯一的索引；创建表时会在主键上自动建立唯一索引。

函数索引：建立在函数基础之上的索引。

全文索引：全文索引用于进行全文检索，只有 InnoDB 和 MyISAM 存储引擎支持全文索引，用于 CHAR、VARCHAR 和 TEXT 类型的数据列。

建立索引后，在查询的时候合理利用索引能够提升数据库性能。但是创建索引和维护索引需要消耗时间，索引文件也会占用物理空间；同时对表的数据进行 INSERT、UPDATE、DELETE 操作的时候需要维护索引，会降低数据的维护效率。所以建议合理使用索引。

（1）创建索引。

使用 CREATE INDEX 命令创建索引，以在 staffs 表的 staff_id 列上创建索引 staffs_ind 为例。

① 创建 staffs 表。代码如下。

```
DROP TABLE IF EXISTS staffs;
CREATE TABLE staffs
(
staff_id INT UNSIGNED NOT NULL,
first_name VARCHAR(20),
last_name VARCHAR(25),
email VARCHAR(25),
phone_number VARCHAR(20),
hire_date DATETIME,
employment_id VARCHAR(10),
salary DECIMAL(8,2),
commission_pct DECIMAL(2,2),
manager_id INT,
section_id INT,
graduated_name VARCHAR(60)
);
```

② 向 staffs 表中插入数据。代码如下。

```
INSERT INTO staffs (staff_id, first_name, last_name, email, phone_number, hire_date,employment_id, salary, commission_pct, manager_id, section_id)VALUES (198, 'Donald', 'OConnell', 'DOCONNEL', '650.507.9833', str_to_date('21-06-1999', '%d-%m-%Y'), 'SH_CLERK', 2600.00, NULL, 124, 50);

INSERT INTO staffs (staff_id, first_name, last_name, email, phone_number, hire_date,employment_id, salary, commission_pct, manager_id, section_id)VALUES (199, 'Douglas', 'Grant', 'DGRANT', '650.507.9844', str_to_date('13-01-2000', '%d-%m-%Y'), 'SH_CLERK', 2600.00, NULL, 124, 50);

INSERT INTO staffs (staff_id, first_name, last_name, email, phone_number, hire_date,employment_id, salary, commission_pct, manager_id, section_id)VALUES (200, 'Jennifer', 'Whalen', 'JWHALEN', '515.123.4444', str_to_date('17-09-1987', '%d-%m-%Y'), 'AD_ASST', 4400.00, NULL, 101, 10);
```

```sql
    INSERT INTO staffs (staff_id, first_name, last_name, email, phone_number,
hire_date,employment_id, salary, commission_pct, manager_id, section_id)VALUES (201,
'Michael', 'Hartstein', 'MHARTSTE', '515.123.5555', str_to_date('17-02-1996',
'%d-%m-%Y'), 'MK_MAN', 13000.00, NULL, 100, 20);

    INSERT INTO staffs (staff_id, first_name, last_name, email, phone_number,
hire_date,employment_id, salary, commission_pct, manager_id, section_id)VALUES (202,
'Pat', 'Fay', 'PFAY', '603.123.6666', str_to_date('17-08-1997', '%d-%m-%Y'),'MK_REP',
6000.00, NULL, 201, 20);

    INSERT INTO staffs (staff_id, first_name, last_name, email, phone_number,
hire_date,employment_id, salary, commission_pct, manager_id, section_id)VALUES (203,
'Susan', 'Mavris', 'SMAVRIS', '515.123.7777', str_to_date('07-06-1994', '%d-%m-%Y'),
'HR_REP', 6500.00, NULL, 101, 40);

    INSERT INTO staffs (staff_id, first_name, last_name, email, phone_number,
hire_date,employment_id, salary, commission_pct, manager_id, section_id)VALUES (204,
'Hermann', 'Baer', 'HBAER', '515.123.8888', str_to_date('07-06-1994', '%d-%m-%Y'),
'PR_REP', 10000.00, NULL, 101, 70);

    INSERT INTO staffs (staff_id, first_name, last_name, email, phone_number,
hire_date,employment_id, salary, commission_pct, manager_id, section_id)VALUES (205,
'Shelley', 'Higgins', 'SHIGGINS', '515.123.8080', str_to_date('07-06-1994',
'%d-%m-%Y'), 'AC_MGR', 12000.00, NULL, 101, 110);

    INSERT INTO staffs (staff_id, first_name, last_name, email, phone_number,
hire_date,employment_id, salary, commission_pct, manager_id, section_id)VALUES (206,
'William', 'Gietz', 'WGIETZ', '515.123.8181', str_to_date('07-06-1994', '%d-%m-%Y'),
'AC_ACCOUNT', 8300.00, NULL, 205, 110);

    INSERT INTO staffs (staff_id, first_name, last_name, email, phone_number,
hire_date,employment_id, salary, commission_pct, manager_id, section_id)VALUES (100,
'Steven', 'King', 'SKING', '515.123.4567', str_to_date('17-06-1987',
```

'%d-%m-%Y'),'AD_PRES', 24000.00, NULL, NULL, 90);

INSERT INTO staffs (staff_id, first_name, last_name, email, phone_number, hire_date,employment_id, salary, commission_pct, manager_id, section_id)VALUES (101, 'Neena', 'Kochhar', 'NKOCHHAR', '515.123.4568', str_to_date('21-09-1989', '%d-%m-%Y'), 'AD_VP', 17000.00, NULL, 100, 90);

INSERT INTO staffs (staff_id, first_name, last_name, email, phone_number, hire_date,employment_id, salary, commission_pct, manager_id, section_id)VALUES (102, 'Lex', 'De Haan', 'LDEHAAN', '515.123.4569', str_to_date('13-01-1993', '%d-%m-%Y'), 'AD_VP', 17000.00, NULL, 100, 90);

INSERT INTO staffs (staff_id, first_name, last_name, email, phone_number, hire_date,employment_id, salary, commission_pct, manager_id, section_id)VALUES (103, 'Alexander', 'Hunold', 'AHUNOLD', '590.423.4567', str_to_date('03-01-1990', '%d-%m-%Y'), 'IT_PROG', 9000.00, NULL, 102, 60);

INSERT INTO staffs (staff_id, first_name, last_name, email, phone_number, hire_date,employment_id, salary, commission_pct, manager_id, section_id)VALUES (104, 'Bruce', 'Ernst', 'BERNST', '590.423.4568', str_to_date('21-05-1991', '%d-%m-%Y'), 'IT_PROG', 6000.00, NULL, 103, 60);

INSERT INTO staffs (staff_id, first_name, last_name, email, phone_number, hire_date,employment_id, salary, commission_pct, manager_id, section_id)VALUES (105, 'David', 'Austin', 'DAUSTIN', '590.423.4569', str_to_date('25-06-1997', '%d-%m-%Y'), 'IT_PROG', 4800.00, NULL, 103, 60);

INSERT INTO staffs (staff_id, first_name, last_name, email, phone_number, hire_date,employment_id, salary, commission_pct, manager_id, section_id)VALUES (106, 'Valli', 'Pataballa', 'VPATABAL', '590.423.4560', str_to_date('05-02-1998', '%d-%m-%Y'), 'IT_PROG', 4800.00, NULL, 103, 60);

INSERT INTO staffs (staff_id, first_name, last_name, email, phone_number, hire_date,employment_id, salary, commission_pct, manager_id, section_id)VALUES (107,

```
'Diana', 'Lorentz', 'DLORENTZ', '590.423.5567', str_to_date('07-02-1999', '%d-%m-%Y'),
'IT_PROG', 4200.00, NULL, 103, 60);

    INSERT INTO staffs (staff_id, first_name, last_name, email, phone_number,
hire_date,employment_id, salary, commission_pct, manager_id, section_id) VALUES (108,
'Nancy', 'Greenberg', 'NGREENBE', '515.124.4569', str_to_date('17-08-1994',
'%d-%m-%Y'), 'FI_MGR', 12000.00, NULL, 101, 100);

    INSERT INTO staffs (staff_id, first_name, last_name, email, phone_number,
hire_date,employment_id, salary, commission_pct, manager_id, section_id)VALUES (109,
'Daniel', 'Faviet', 'DFAVIET', '515.124.4169', str_to_date('16-08-1994', '%d-%m-%Y'),
'FI_ACCOUNT', 9000.00, NULL, 108, 100);

    INSERT INTO staffs (staff_id, first_name, last_name, email, phone_number,
hire_date,employment_id, salary, commission_pct, manager_id, section_id)VALUES (110,
'John', 'Chen', 'JCHEN', '515.124.4269', str_to_date('28-09-1997', '%d-%m-%Y'),
'FI_ACCOUNT', 8200.00, NULL, 108, 100);
```

③ 在 staff_id 列上创建索引 staffs_ind。代码如下。

```
CREATE INDEX staffs_ind ON staffs(staff_id);
```

（2）修改索引。

重命名索引。如果用户需要重新统一索引的命名风格，可以通过 RENAME 语句来修改索引的名称，而不改变索引的其他属性。

数据库重启回滚期间不支持重命名索引。

以重命名索引 staffs_ind 为例。代码如下。

```
ALTER TABLE staffs RENAME INDEX staffs_ind TO staffs_ind_new;
```

（3）删除索引。

使用 DROP INDEX 命令删除索引。删除索引有以下限制。

① 数据库重启回滚期间不支持删除索引。

② 不能删除已有的 UNIQUE KEY 或 PRIMARY KEY 约束相关的索引。

③ 删除表则同时删除该表的索引。

以删除 staffs 表上的索引 staffs_ind_new 为例。代码如下。

```
DROP INDEX staffs_ind_new ON staffs;
```

4. 定义视图

如果用户对数据库中的一张或者多张表中的某些字段的组合感兴趣，而又不想每次查询都输入相同的命令，用户就可以定义一个视图，以解决这个问题。视图相关的 DDL 语句包括创建视图和删除视图。

视图与基本表不同，视图不是物理上实际存在的，它是一张虚表。数据库中仅存放视图的定义，而不存放视图对应的数据，这些数据仍存放在原来的基本表中。若基本表中的数据发生变化，从视图中查询出的数据也将随之改变。从这个意义上讲，视图就像一个窗口，透过它可以看到数据库中用户感兴趣的数据及其变化。视图每次被引用的时候都会运行一次。

（1）创建视图。

创建视图可以使用 CREATE VIEW 命令。代码如下。

```
CREATE OR REPLACE VIEW MyView AS SELECT * FROM staffs WHERE section_id = 10;
```

CREATE VIEW 中的 OR REPLACE 可有可无，当存在 OR REPLACE 时，表示若已存在该视图就进行替换。

（2）查看视图。

查看视图使用 SELECT 命令。代码如下。

```
SELECT * FROM MyView;
```

查询结果如下。

```
# staff_id, first_name, last_name, email, phone_number, hire_date, employment_id, salary, commission_pct, manager_id, section_id, graduated_name
  200, Jennifer, Whalen, JWHALEN, 515.123.4444, 1987-09-17 00:00:00, AD_ASST, 4400.00, , 101, 10,
```

（3）删除视图。

删除视图使用 DROP VIEW 命令。代码如下。

```
DROP VIEW MyView;
```

5. 定义触发器

触发器是与表关联的特殊存储过程，在表发生特定事件时触发，并执行触发器中定义的语句集合。

（1）创建触发器。

创建触发器：向当前数据库中增加一个新的触发器后，当前用户为该触发器的所有者。

创建触发器 trig_order 和与触发器关联的表，当从 orders 表中删除记录时，将当前时间点插入 logs（日志表）。代码如下。

```
CREATE TABLE `orders` (
  `id` INT UNSIGNED NOT NULL PRIMARY KEY AUTO_INCREMENT,
  `order_name` VARCHAR(255) DEFAULT NULL,
  `add_time` DATETIME DEFAULT NULL
);
```

```
INSERT INTO orders(order_name,add_time) VALUES ('database','2019-02-04');
INSERT INTO orders(order_name,add_time) VALUES ('java','2019-03-05');
INSERT INTO orders(order_name,add_time) VALUES ('python','2019-06-09');
INSERT INTO orders(order_name,add_time) VALUES ('php','2020-01-03');

CREATE TABLE `logs` (
  `Id` INT NOT NULL PRIMARY KEY AUTO_INCREMENT,
  `log` DATETIME DEFAULT NULL COMMENT '删除时间'
);

CREATE TRIGGER trig_order BEFORE DELETE ON orders FOR EACH ROW INSERT INTO logs(log) VALUES(NOW());
```

将 orders 表中的对应 java 记录删除，并查询 logs 中的记录。代码及结果如下。

```
DELETE FROM orders WHERE id=2;

SELECT * FROM logs;
# Id, log
1, 2020-05-19 16:35:39
```

（2）删除触发器。

删除触发器 trig_order。代码如下。

```
DROP TRIGGER IF EXISTS trig_order;
```

3.1.6 数据控制

本小节通过数据控制语言（Data Control Language，DCL）来介绍如何设置或更改数据库事务，如提交事务、回滚事务和事务保存点。学习本小节之后读者可了解 DCL 的语法结构，掌握各种场景下 DCL 的使用方法。本实验任务如下。

1. 提交事务

GaussDB(for MySQL)通过 COMMIT 语句可完成事务提交，即提交事务的所有操作，默认是自动提交的。

创建 areas 并插入数据。

（1）删除表 areas。代码如下。

```
DROP TABLE IF EXISTS areas;
```

（2）创建表 areas。代码如下。

```
CREATE TABLE areas
```

```
(
area_id INT,
area_name VARCHAR(25)
);
```

（3）向 areas 表中插入数据。代码如下。

```
INSERT INTO areas (area_id, area_name)VALUES (1, 'Europe');
INSERT INTO areas (area_id, area_name)VALUES (2, 'Americas');
INSERT INTO areas (area_id, area_name)VALUES (3, 'Asia');
INSERT INTO areas (area_id, area_name)VALUES (4, 'Middle East and Africa');
```

（4）查询表 areas 中的所有记录。代码如下。

```
SELECT * FROM areas;
```

（5）查询结果如下。

```
# area_id, area_name
1, Europe
2, Americas
3, Asia
4, Middle East and Africa
```

2. 回滚事务

GaussDB(for MySQL)通过 ROLLBACK 语句回滚当前事务工作单元中的所有操作，并结束该事务。如果没有显式地提交事务，而应用程序又非正常终止，则最后一个未提交的工作单元将被回滚，不会回滚整个事务。

创建表 areas，插入数据后回滚所有操作并结束事务。

（1）删除表 areas。代码如下。

```
DROP TABLE IF EXISTS areas;
```

（2）创建 areas 表。代码如下。

```
CREATE TABLE areas
(
area_id INT,
area_name VARCHAR(25)
);
```

（3）关闭自动提交。代码如下。

```
SET AUTOCOMMIT = 0;
```

（4）向 areas 表中插入数据。代码如下。

```
INSERT INTO areas (area_id, area_name)VALUES (1, 'Europe');
```

```
INSERT INTO areas (area_id, area_name)VALUES (2, 'Americas');

INSERT INTO areas (area_id, area_name)VALUES (3, 'Asia');

INSERT INTO areas (area_id, area_name)VALUES (4, 'Middle East and Africa');
```

（5）查询表 areas 中的所有记录。代码如下。

```
SELECT * FROM areas;
```

（6）查询结果如下。

```
# area_id, area_name
1, Europe
2, Americas
3, Asia
4, Middle East and Africa
```

（7）回滚事务。代码如下。

```
ROLLBACK;
```

（8）查询表 areas 中的所有记录。代码如下。

```
SELECT * FROM areas;


# area_id, area_name
```

3. 事务保存点

SAVEPOINT 语句用于在事务中设置保存点。

保存点提供了一种灵活的回滚方式，事务在执行过程中可以回滚到某个保存点。在该保存点以前的操作有效，而以后的操作将被回滚掉。一个事务中可以设置多个保存点。

回滚事务到保存点。

（1）删除表 areas。代码如下。

```
DROP TABLE IF EXISTS areas;
```

（2）创建 areas 表。代码如下。

```
CREATE TABLE areas
(
area_id INT,
area_name VARCHAR(25)
);
```

（3）向表 areas 中插入记录 1。代码如下。

```
INSERT INTO areas (area_id, area_name)VALUES (1, 'Europe');
```

（4）提交事务。代码如下。

```
COMMIT;
```

（5）设置保存点 s1。代码如下。

```
SAVEPOINT s1;
```

（6）向表 areas 中插入记录 2。代码如下。

```
INSERT INTO areas (area_id, area_name)VALUES (2, 'Americas');
```

（7）设置保存点 s2。代码如下。

```
SAVEPOINT s2;
```

（8）查询表 areas 中的所有记录。代码如下。

```
SELECT * FROM areas;

# area_id, area_name
1, Europe
2, Americas
```

（9）回滚到保存点 s1。代码如下。

```
ROLLBACK TO SAVEPOINT s1;
```

（10）查询表 areas 中的所有记录。代码如下。

```
SELECT * FROM areas;

# area_id, area_name
1, Europe
```

3.1.7　实验小结

本实验从数据准备开始，逐一介绍了 GaussDB(for MySQL)数据库中的 SQL 语法，包括数据查询、数据更新、数据定义和数据控制。

3.2　用户密码实验

3.2.1　实验介绍

GaussDB 数据库设置了完善的密码安全策略来保证数据安全。安全策略主要分为密码复杂度、密码重用、密码有效期、密码修改和密码验证 5 个部分。密码验证是指用户连接数据库时对密码正确性的校验。

本实验目的：掌握设置密码安全策略的方法，包括设置密码复杂度、密码有效期和修改密码。

3.2.2 设置密码复杂度和修改密码

（1）启动服务器，使用 MySQL 客户端以管理员用户身份连接 GaussDB 数据库，假设端口号为 3306。

```
mysql -h 124.70.199.69 -u root -pHuawei@12
```

Huawei@12 为购买数据库实例时为管理员用户 root 设置的密码。

（2）删除重名用户 annie。代码如下。

```
DROP USER IF EXISTS annie;
```

（3）连接数据库后，进入 SQL 命令页面。创建用户 annie，将密码设为 Gauss_234。代码如下。

```
CREATE USER annie IDENTIFIED BY 'Gauss_234';
```

设置用户名和密码时，需遵循以下规范：
① root 用户不允许创建，是系统预置用户；
② 密码长度必须大于等于 8 个字符；
③ 创建密码时，密码须用单引号引起来。

（4）修改用户 annie 的信息，如将用户 annie 的密码修改为#database_123。代码如下。

```
ALTER USER annie IDENTIFIED BY '#database_123';
```

修改结果如下。

```
mysql> ALTER USER annie IDENTIFIED BY '#database_123';
Query OK, 0 rows affected (0.01 sec)
```

（5）尝试修改用户 annie 的密码为 data_1。代码如下。

```
ALTER USER annie IDENTIFIED BY 'data_1';
```

此次修改密码会失败，因为新密码长度不足 8 个字符，如下所示。

```
mysql> ALTER USER annie IDENTIFIED BY 'data_1';
ERROR 1819 (HY000): Your password does not satisfy the current policy requirements
```

（6）查看密码安全策略。

```
SHOW VARIABLES LIKE 'validate_password%';
+--------------------------------------+-------+
```

```
| Variable_name                          | Value |
+----------------------------------------+-------+
| validate_password.check_user_name      | ON    |
| validate_password.dictionary_file      |       |
| validate_password.length               | 8     |
| validate_password.mixed_case_count     | 1     |
| validate_password.number_count         | 1     |
| validate_password.policy               | LOW   |
| validate_password.special_char_count   | 1     |
+----------------------------------------+-------+
7 rows in set (0.01 sec)
```

validate_password.policy（校验规则）的取值范围为[0,1,2]。

0(LOW)：只校验长度。

1(MEDIUM)：校验长度、大小写和特殊字符。

2(STRONG)：校验长度、大小写、特殊字符和 dictionary_file。

3.2.3 设置密码有效期

（1）查看已配置的 default_password_lifetime 参数（密码有效期）。

```
mysql> SHOW VARIABLES LIKE 'default_password_lifetime';
+---------------------------+-------+
| Variable_name             | Value |
+---------------------------+-------+
| default_password_lifetime | 0     |
+---------------------------+-------+
1 row in set (0.01 sec)
```

default_password_lifetime 的值为 0，代表永久有效。

（2）更改 default_password_lifetime 参数值，以 90 为例。

登录华为云，选择"云数据库 GaussDB"，单击对应实例名称，如图 3-9 所示。

图 3-9　选择数据库实例

选择"参数修改"选项卡,如图 3-10 所示。

图 3-10　修改数据库实例参数

修改 default_password_lifetime 参数值为 90 后,单击"保存"按钮,如图 3-11 所示。

图 3-11　修改 default_password_lifetim 参数值

(3)查看密码有效期,已重置为 90。

```
mysql> SHOW VARIABLES LIKE 'default_password_lifetime';
+---------------------------+-------+
| Variable_name             | Value |
+---------------------------+-------+
| default_password_lifetime | 90    |
+---------------------------+-------+
1 row in set (0.01 sec)
```

3.3　审计实验

3.3.1　实验介绍

通过云审计服务(Cloud Trace Service,CTS),可以记录与 GaussDB 数据库实例相关的操作事件,便于日后的查询、审计和回溯。数据库管理员可以利用这些日志信息,重现导致数据库故障的一系列事件,找出非法操作对应的用户、时间和内容等。

本实验目的:掌握云审计服务的开启方法,学会查看云审计日志。

3.3.2 开启审计

(1) 登录华为云,开启云审计服务,如图3-12所示。

图 3-12 开启云审计服务

云审计服务支持的 GaussDB(for MySQL) 操作事件列表如表 3-1 所示。

表 3-1 云审计服务支持的 GaussDB(for MySQL) 操作事件列表

操作名称	资源类型	事件名称
创建实例	instance	createInstance
添加只读节点	instance	addNodes
删除只读节点	instance	deleteNode
重启实例	instance	restartInstance
修改实例端口	instance	changeInstancePort
修改实例安全组	instance	modifySecurityGroup
将只读实例升级为主实例	instance	instanceFailOver
绑定或解绑公网 IP	instance	setOrResetPublicIP
删除实例	instance	deleteInstance
重命名实例	instance	renameInstance
修改节点优先级	instance	modifyPriority
修改规格	instance	instanceAction
重置密码	instance	resetPassword
备份恢复到新实例	instance	restoreInstance
创建备份	backup	createManualSnapshot
删除备份	backup	deleteManualSnapshot
创建参数模板	parameterGroup	createParameterGroup
修改参数模板	parameterGroup	updateParameterGroup
删除参数模板	parameterGroup	deleteParameterGroup
复制参数模板	parameterGroup	copyParameterGroup
重置参数模板	parameterGroup	resetParameterGroup
比较参数模板	parameterGroup	compareParameterGroup
应用参数模板	parameterGroup	applyParameterGroup

(2) 开启成功后,单击"配置"超链接,如图3-13所示。

图 3-13 单击"配置"超链接

可以将云审计日志存入华为云对象存储服务，如图 3-14 所示。

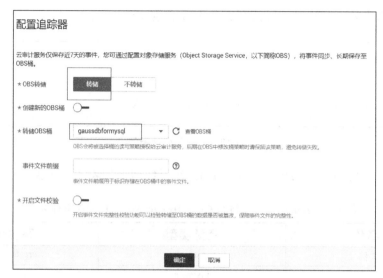

图 3-14　配置追踪器

 OBS 桶的名称不能与已存在的桶名称重复。

3.3.3　验证审计

（1）重启 GaussDB 数据库实例，如图 3-15 所示。

图 3-15　重启 GaussDB 数据库实例

（2）查看云审计服务的事件列表，选择"事件来源"为"GaussDB"，如图 3-16 所示。

图 3-16　云审计服务的事件列表

可以看到重启实例的事件已经被记录下来。

(3) 解绑数据库公网地址，如图 3-17 所示。

图 3-17 解绑数据库公网地址

(4) 查看云审计服务的事件列表，选择"事件来源"为"GaussDB"，如图 3-18 所示。

图 3-18 云审计服务的事件列表

可以看到释放公网 IP 的事件已经被记录下来。

04 第4部分 场景化综合实验

本部分是配合《数据库原理与技术——基于华为 GaussDB》教材的数据库技术场景化综合实验，通过 3 个实验让读者掌握 GaussDB(for MySQL)数据库的应用。

4.1 实验介绍

本部分包含以下 3 个实验。

实验一：4.2 节和 4.3 节，以学校数据库模型为例，主要帮助读者从浅层面熟悉 GaussDB(for MySQL)数据库的基本操作，即简单的单表查询、条件查询、分组查询和连接查询。

实验二：4.4 节和 4.5 节，以金融数据库模型为例，该实验在学校数据库模型实验的基础上，加大了数据查询操作的难度，主要目的是让读者由浅至深地熟悉 GaussDB(for MySQL)数据库。

实验三：4.6 节，以创建用户并授权为例，让新用户能够访问数据库的表信息，主要目的是让读者掌握新用户的创建和授权。

学校数据库模型和金融数据库模型主要是为实现实验操作而构造的，若与现实场景中的模型相似，则纯属巧合。

为了方便实验操作，本部分将学校数据库模型和金融数据库模型创建在同一个数据库中，但在现实场景中，读者需要注意，不同的数据库模型需要创建在不同的数据库中。

实验语句也可以使用 MySQL 8.0 执行。

4.2 学校数据库模型

假设 A 市的 B 学校为了加强学校的管理，引入了华为 GaussDB(for MySQL)数据库。在 B 学校里，主要涉及的管理对象有学生、教师、班级、院系和课程。本实验假设在 B 学校数据库中，教师会教授课程，学生会选修课程，院系会聘请教师，班级会组成院系，学生会组成班级。根据这些关系，下面将给出相应的关系模式和 E-R 图，并进行基本的数据库操作。

4.2.1 关系模式

对于 B 校中的 5 个对象，分别建立属于每个对象的属性集合，具体属性描述如下。
- 学生（学号，姓名，性别，出生日期，入学日期，家庭住址）。
- 教师（教师编号，教师姓名，职称，性别，年龄，入职日期）。
- 班级（班级编号，班级名称，班主任）。
- 院系（系编号，系名称，系主任）。
- 课程（课程编号，课程名称，课程类型，学分）。

上述属性对应的参数如下。
- student(std_id, std_name, std_sex, std_birth, std_in, std_address)。
- teacher(tec_id, tec_name, tec_job, tec_sex, tec_age, tec_in)。
- class(cla_id, cla_name, cla_teacher)。
- school_department(depart_id, depart_name, depart_teacher)。
- course(cor_id, cor_name, cor_type, credit)。

对象之间的关系如下。
- 一名学生可以选择多门课程，一门课程可被多名学生选择。
- 一名教师可以选择多门课程，一门课程可被多名教师教授。
- 一个院系可由多个班级组成。
- 一个院系可聘请多名教师。
- 一个班级可由多名学生组成。

4.2.2 E-R 图

学校数据库模型的 E-R 图如图 4-1 所示。

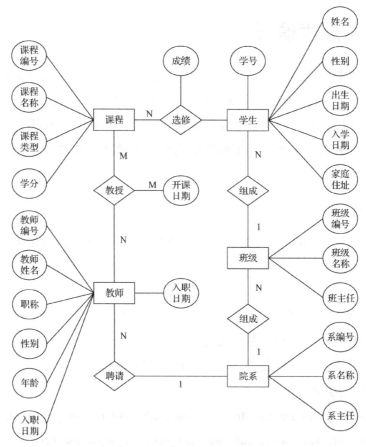

图 4-1　E-R 图

4.3　学校数据库模型表操作

4.3.1　表的创建

根据 B 学校的场景描述，本小节分别针对学生（student）、教师（teacher）、班级（class）、院系（school_department）和课程（course）创建相应的表，具体的实验步骤如下所示。

（1）连接数据库，单击"新建数据库"按钮，如图 4-2 所示。

图 4-2　新建数据库

（2）创建学校数据库。为保证各个实验的数据不会混淆，创建学校数据库 school，如图 4-3 所示。单击"确定"按钮，创建数据库。单击库名称，进入数据库，如图 4-4 所示。

图 4-3 创建 school 数据库　　　　　图 4-4 school 数据库

（3）学生信息表的创建：单击"SQL 窗口"按钮，如图 4-5 所示。进入 SQL 编辑页面，在 SQL 编辑框中输入如下语句，创建学生信息表 student。

图 4-5 创建学生表

```
# 删除表 student
DROP TABLE IF EXISTS student;
# 创建表 student
CREATE TABLE student
(
    std_id INT PRIMARY KEY,
    std_name VARCHAR(20) NOT NULL,
    std_sex VARCHAR(6),
    std_birth DATETIME,
    std_in DATETIME NOT NULL,
    std_address VARCHAR(100)
);
```

单击"执行 SQL"按钮，执行 SQL 语句，效果如图 4-6 所示。

单击刷新按钮，刷新表信息，查看表，如图 4-7 所示，表 student 已成功创建。

图 4-6 执行 SQL 语句

图 4-7 查看表

（4）教师信息表的创建：在 SQL 编辑框中输入如下语句，创建教师信息表 teacher。

```
# 删除表 teacher
DROP TABLE IF EXISTS teacher;
# 创建表 teacher
CREATE TABLE teacher
(
    tec_id INT PRIMARY KEY,
    tec_name VARCHAR(20) NOT NULL,
    tec_job VARCHAR(15),
    tec_sex VARCHAR(6),
    tec_age INT,
    tec_in DATETIME NOT NULL
);
```

（5）班级信息表的创建：在 SQL 编辑框中输入如下语句，创建班级信息表 class。

```
# 删除表 class
DROP TABLE IF EXISTS class;
# 创建表 class
CREATE TABLE class
(
    cla_id INT PRIMARY KEY,
    cla_name VARCHAR(20) NOT NULL,
    cla_teacher INT NOT NULL
);
```

给表class添加外键约束
ALTER TABLE class ADD CONSTRAINT fk_tec_id FOREIGN KEY (cla_teacher) REFERENCES teacher(tec_id) ON DELETE CASCADE;

班级信息表中的 cla_teacher 与教师信息表中的 tec_id 一致，且每个班级都必须有一个班主任。在进行表删除时，需要先删除 class 表，再删除 teacher 表，因为这两个表间存在约束。

（6）院系信息表的创建：在 SQL 编辑框中输入如下语句，创建院系信息表 school_department。

```
# 删除表school_department
DROP TABLE IF EXISTS school_department;
# 创建表school_department
CREATE TABLE school_department
(
        depart_id INT PRIMARY KEY,
        depart_name VARCHAR(30) NOT NULL,
        depart_teacher INT NOT NULL
);
# 给表school_department添加外键约束
ALTER TABLE school_department ADD CONSTRAINT fk_depart_tec_id FOREIGN KEY (depart_teacher) REFERENCES teacher(tec_id) ON DELETE CASCADE;
```

院系信息表中的 depart_teacher 与教师信息表中的 tec_id 一致，且每个院系都必须有一个系主任。在进行表删除时，需要先删除 school_department 表，再删除 teacher 表，因为这两个表间存在约束。

（7）课程信息表的创建：在 SQL 编辑框中输入如下语句，创建课程信息表 course。

```
# 删除表course
DROP TABLE IF EXISTS course;
# 创建表course
CREATE TABLE course
(
        cor_id INT PRIMARY KEY,
        cor_name VARCHAR(30) NOT NULL,
        cor_type VARCHAR(20),
```

```
    credit DOUBLE
);
```

刷新表信息,如图 4-8 所示,所有表已经成功创建。

图 4-8 查看新建表

4.3.2 表数据的插入

为了实现对表数据的相关操作,本实验需要以执行 SQL 脚本的方式对学校数据库的相关表插入部分数据。

(1)编辑 student.sql,在 SQL 页面执行脚本 student.sql。代码如下。

```
    INSERT INTO student(std_id,std_name,std_sex,std_birth,std_in,std_address)
VALUES (1,'张一','男','1993-01-01','2011-09-01','江苏省南京市雨花台区');
    INSERT INTO student(std_id,std_name,std_sex,std_birth,std_in,std_address)
VALUES (2,'张二','男','1993-01-02','2011-09-01','江苏省南京市雨花台区');
    INSERT INTO student(std_id,std_name,std_sex,std_birth,std_in,std_address)
VALUES (3,'张三','男','1993-01-03','2011-09-01','江苏省南京市雨花台区');
    INSERT INTO student(std_id,std_name,std_sex,std_birth,std_in,std_address)
VALUES (4,'张四','男','1993-01-04','2011-09-01','江苏省南京市雨花台区');
    INSERT INTO student(std_id,std_name,std_sex,std_birth,std_in,std_address)
VALUES (5,'张五','男','1993-01-05','2011-09-01','江苏省南京市雨花台区');
    INSERT INTO student(std_id,std_name,std_sex,std_birth,std_in,std_address)
VALUES (6,'张六','男','1993-01-06','2011-09-01','江苏省南京市雨花台区');
    INSERT INTO student(std_id,std_name,std_sex,std_birth,std_in,std_address)
VALUES (7,'张七','男','1993-01-07','2011-09-01','江苏省南京市雨花台区');
    INSERT INTO student(std_id,std_name,std_sex,std_birth,std_in,std_address)
VALUES (8,'张八','男','1993-01-08','2011-09-01','江苏省南京市雨花台区');
    INSERT INTO student(std_id,std_name,std_sex,std_birth,std_in,std_address)
VALUES (9,'张九','男','1993-01-09','2011-09-01','江苏省南京市雨花台区');
```

```sql
    INSERT INTO student(std_id,std_name,std_sex,std_birth,std_in,std_address)
VALUES (10,'李一','男','1993-01-10','2011-09-01','江苏省南京市雨花台区');
    INSERT INTO student(std_id,std_name,std_sex,std_birth,std_in,std_address)
VALUES (11,'李二','男','1993-01-11','2011-09-01','江苏省南京市雨花台区');
    INSERT INTO student(std_id,std_name,std_sex,std_birth,std_in,std_address)
VALUES (12,'李三','男','1993-01-12','2011-09-01','江苏省南京市雨花台区');
    INSERT INTO student(std_id,std_name,std_sex,std_birth,std_in,std_address)
VALUES (13,'李四','男','1993-01-13','2011-09-01','江苏省南京市雨花台区');
    INSERT INTO student(std_id,std_name,std_sex,std_birth,std_in,std_address)
VALUES (14,'李五','男','1993-01-14','2011-09-01','江苏省南京市雨花台区');
    INSERT INTO student(std_id,std_name,std_sex,std_birth,std_in,std_address)
VALUES (15,'李六','男','1993-01-15','2011-09-01','江苏省南京市雨花台区');
    INSERT INTO student(std_id,std_name,std_sex,std_birth,std_in,std_address)
VALUES (16,'李七','男','1993-01-16','2011-09-01','江苏省南京市雨花台区');
    INSERT INTO student(std_id,std_name,std_sex,std_birth,std_in,std_address)
VALUES (17,'李八','男','1993-01-17','2011-09-01','江苏省南京市雨花台区');
    INSERT INTO student(std_id,std_name,std_sex,std_birth,std_in,std_address)
VALUES (18,'李九','男','1993-01-18','2011-09-01','江苏省南京市雨花台区');
    INSERT INTO student(std_id,std_name,std_sex,std_birth,std_in,std_address)
VALUES (19,'赵一','男','1993-01-19','2011-09-01','江苏省南京市雨花台区');
    INSERT INTO student(std_id,std_name,std_sex,std_birth,std_in,std_address)
VALUES (20,'赵二','男','1993-01-20','2011-09-01','江苏省南京市雨花台区');
    INSERT INTO student(std_id,std_name,std_sex,std_birth,std_in,std_address)
VALUES (21,'赵三','男','1993-01-21','2011-09-01','江苏省南京市雨花台区');
    INSERT INTO student(std_id,std_name,std_sex,std_birth,std_in,std_address)
VALUES (22,'赵四','男','1993-01-22','2011-09-01','江苏省南京市雨花台区');
    INSERT INTO student(std_id,std_name,std_sex,std_birth,std_in,std_address)
VALUES (23,'赵五','男','1993-01-23','2011-09-01','江苏省南京市雨花台区');
    INSERT INTO student(std_id,std_name,std_sex,std_birth,std_in,std_address)
VALUES (24,'赵六','男','1993-01-24','2011-09-01','江苏省南京市雨花台区');
    INSERT INTO student(std_id,std_name,std_sex,std_birth,std_in,std_address)
VALUES (25,'赵七','男','1993-01-25','2011-09-01','江苏省南京市雨花台区');
    INSERT INTO student(std_id,std_name,std_sex,std_birth,std_in,std_address)
VALUES (26,'赵八','男','1993-01-26','2011-09-01','江苏省南京市雨花台区');
```

```sql
    INSERT INTO student(std_id,std_name,std_sex,std_birth,std_in,std_address)
VALUES (27,'赵九','男','1993-01-27','2011-09-01','江苏省南京市雨花台区');
    INSERT INTO student(std_id,std_name,std_sex,std_birth,std_in,std_address)
VALUES (28,'钱一','男','1993-01-28','2011-09-01','江苏省南京市雨花台区');
    INSERT INTO student(std_id,std_name,std_sex,std_birth,std_in,std_address)
VALUES (29,'钱二','男','1993-01-29','2011-09-01','江苏省南京市雨花台区');
    INSERT INTO student(std_id,std_name,std_sex,std_birth,std_in,std_address)
VALUES (30,'钱三','男','1993-01-30','2011-09-01','江苏省南京市雨花台区');
    INSERT INTO student(std_id,std_name,std_sex,std_birth,std_in,std_address)
VALUES (31,'钱四','男','1993-02-01','2011-09-01','江苏省南京市雨花台区');
    INSERT INTO student(std_id,std_name,std_sex,std_birth,std_in,std_address)
VALUES (32,'钱五','男','1993-02-02','2011-09-01','江苏省南京市雨花台区');
    INSERT INTO student(std_id,std_name,std_sex,std_birth,std_in,std_address)
VALUES (33,'钱六','男','1993-02-03','2011-09-01','江苏省南京市雨花台区');
    INSERT INTO student(std_id,std_name,std_sex,std_birth,std_in,std_address)
VALUES (34,'钱七','男','1993-02-04','2011-09-01','江苏省南京市雨花台区');
    INSERT INTO student(std_id,std_name,std_sex,std_birth,std_in,std_address)
VALUES (35,'钱八','男','1993-02-05','2011-09-01','江苏省南京市雨花台区');
    INSERT INTO student(std_id,std_name,std_sex,std_birth,std_in,std_address)
VALUES (36,'钱九','男','1993-02-06','2011-09-01','江苏省南京市雨花台区');
    INSERT INTO student(std_id,std_name,std_sex,std_birth,std_in,std_address)
VALUES (37,'吴一','男','1993-02-07','2011-09-01','江苏省南京市雨花台区');
    INSERT INTO student(std_id,std_name,std_sex,std_birth,std_in,std_address)
VALUES (38,'吴二','男','1993-02-08','2011-09-01','江苏省南京市雨花台区');
    INSERT INTO student(std_id,std_name,std_sex,std_birth,std_in,std_address)
VALUES (39,'吴三','男','1993-02-09','2011-09-01','江苏省南京市雨花台区');
    INSERT INTO student(std_id,std_name,std_sex,std_birth,std_in,std_address)
VALUES (40,'吴四','男','1993-02-10','2011-09-01','江苏省南京市雨花台区');
    INSERT INTO student(std_id,std_name,std_sex,std_birth,std_in,std_address)
VALUES (41,'吴五','男','1993-02-11','2011-09-01','江苏省南京市雨花台区');
    INSERT INTO student(std_id,std_name,std_sex,std_birth,std_in,std_address)
VALUES (42,'吴六','男','1993-02-12','2011-09-01','江苏省南京市雨花台区');
    INSERT INTO student(std_id,std_name,std_sex,std_birth,std_in,std_address)
VALUES (43,'吴七','男','1993-02-13','2011-09-01','江苏省南京市雨花台区');
```

```sql
    INSERT INTO student(std_id,std_name,std_sex,std_birth,std_in,std_address)
VALUES (44,'吴八','男','1993-02-14','2011-09-01','江苏省南京市雨花台区');
    INSERT INTO student(std_id,std_name,std_sex,std_birth,std_in,std_address)
VALUES (45,'吴九','男','1993-02-15','2011-09-01','江苏省南京市雨花台区');
    INSERT INTO student(std_id,std_name,std_sex,std_birth,std_in,std_address)
VALUES (46,'柳一','男','1993-02-16','2011-09-01','江苏省南京市雨花台区');
    INSERT INTO student(std_id,std_name,std_sex,std_birth,std_in,std_address)
VALUES (47,'柳二','男','1993-02-17','2011-09-01','江苏省南京市雨花台区');
    INSERT INTO student(std_id,std_name,std_sex,std_birth,std_in,std_address)
VALUES (48,'柳三','男','1993-02-18','2011-09-01','江苏省南京市雨花台区');
    INSERT INTO student(std_id,std_name,std_sex,std_birth,std_in,std_address)
VALUES (49,'柳四','男','1993-02-19','2011-09-01','江苏省南京市雨花台区');
    INSERT INTO student(std_id,std_name,std_sex,std_birth,std_in,std_address)
VALUES (50,'柳五','男','1993-02-20','2011-09-01','江苏省南京市雨花台区');
```

（2）编辑 teacher.sql，在 SQL 页面执行脚本 teacher.sql。代码如下。

```sql
    INSERT INTO teacher(tec_id,tec_name,tec_job,tec_sex,tec_age,tec_in) VALUES (1,
'张一','讲师','男',35,'2009-07-01');
    INSERT INTO teacher(tec_id,tec_name,tec_job,tec_sex,tec_age,tec_in) VALUES (2,
'张二','讲师','男',35,'2009-07-01');
    INSERT INTO teacher(tec_id,tec_name,tec_job,tec_sex,tec_age,tec_in) VALUES (3,
'张三','讲师','男',35,'2009-07-01');
    INSERT INTO teacher(tec_id,tec_name,tec_job,tec_sex,tec_age,tec_in) VALUES (4,
'张四','讲师','男',35,'2009-07-01');
    INSERT INTO teacher(tec_id,tec_name,tec_job,tec_sex,tec_age,tec_in) VALUES (5,
'张五','讲师','男',35,'2009-07-01');
    INSERT INTO teacher(tec_id,tec_name,tec_job,tec_sex,tec_age,tec_in) VALUES (6,
'张六','讲师','男',35,'2009-07-01');
    INSERT INTO teacher(tec_id,tec_name,tec_job,tec_sex,tec_age,tec_in) VALUES (7,
'张七','讲师','男',35,'2009-07-01');
    INSERT INTO teacher(tec_id,tec_name,tec_job,tec_sex,tec_age,tec_in) VALUES (8,
'张八','讲师','男',35,'2009-07-01');
    INSERT INTO teacher(tec_id,tec_name,tec_job,tec_sex,tec_age,tec_in) VALUES (9,
'张九','讲师','男',35,'2009-07-01');
    INSERT INTO teacher(tec_id,tec_name,tec_job,tec_sex,tec_age,tec_in) VALUES (10,
```

'李一','讲师','男',35,'2009-07-01');
    INSERT INTO teacher(tec_id,tec_name,tec_job,tec_sex,tec_age,tec_in) VALUES (11,
'李二','讲师','男',35,'2009-07-01');
    INSERT INTO teacher(tec_id,tec_name,tec_job,tec_sex,tec_age,tec_in) VALUES (12,
'李三','讲师','男',35,'2009-07-01');
    INSERT INTO teacher(tec_id,tec_name,tec_job,tec_sex,tec_age,tec_in) VALUES (13,
'李四','讲师','男',35,'2009-07-01');
    INSERT INTO teacher(tec_id,tec_name,tec_job,tec_sex,tec_age,tec_in) VALUES (14,
'李五','讲师','男',35,'2009-07-01');
    INSERT INTO teacher(tec_id,tec_name,tec_job,tec_sex,tec_age,tec_in) VALUES (15,
'李六','讲师','男',35,'2009-07-01');
    INSERT INTO teacher(tec_id,tec_name,tec_job,tec_sex,tec_age,tec_in) VALUES (16,
'李七','讲师','男',35,'2009-07-01');
    INSERT INTO teacher(tec_id,tec_name,tec_job,tec_sex,tec_age,tec_in) VALUES (17,
'李八','讲师','男',35,'2009-07-01');
    INSERT INTO teacher(tec_id,tec_name,tec_job,tec_sex,tec_age,tec_in) VALUES (18,
'李九','讲师','男',35,'2009-07-01');
    INSERT INTO teacher(tec_id,tec_name,tec_job,tec_sex,tec_age,tec_in) VALUES (19,
'赵一','讲师','男',35,'2009-07-01');
    INSERT INTO teacher(tec_id,tec_name,tec_job,tec_sex,tec_age,tec_in) VALUES (20,
'赵二','讲师','男',35,'2009-07-01');
    INSERT INTO teacher(tec_id,tec_name,tec_job,tec_sex,tec_age,tec_in) VALUES (21,
'赵三','讲师','男',35,'2009-07-01');
    INSERT INTO teacher(tec_id,tec_name,tec_job,tec_sex,tec_age,tec_in) VALUES (22,
'赵四','讲师','男',35,'2009-07-01');
    INSERT INTO teacher(tec_id,tec_name,tec_job,tec_sex,tec_age,tec_in) VALUES (23,
'赵五','讲师','男',35,'2009-07-01');
    INSERT INTO teacher(tec_id,tec_name,tec_job,tec_sex,tec_age,tec_in) VALUES (24,
'赵六','讲师','男',35,'2009-07-01');
    INSERT INTO teacher(tec_id,tec_name,tec_job,tec_sex,tec_age,tec_in) VALUES (25,
'赵七','讲师','男',35,'2009-07-01');
    INSERT INTO teacher(tec_id,tec_name,tec_job,tec_sex,tec_age,tec_in) VALUES (26,
'赵八','讲师','男',35,'2009-07-01');
    INSERT INTO teacher(tec_id,tec_name,tec_job,tec_sex,tec_age,tec_in) VALUES (27,
```
```

'赵九','讲师','男',35,'2009-07-01');
    INSERT INTO teacher(tec_id,tec_name,tec_job,tec_sex,tec_age,tec_in) VALUES (28,
'钱一','讲师','男',35,'2009-07-01');
    INSERT INTO teacher(tec_id,tec_name,tec_job,tec_sex,tec_age,tec_in) VALUES (29,
'钱二','讲师','男',35,'2009-07-01');
    INSERT INTO teacher(tec_id,tec_name,tec_job,tec_sex,tec_age,tec_in) VALUES (30,
'钱三','讲师','男',35,'2009-07-01');
    INSERT INTO teacher(tec_id,tec_name,tec_job,tec_sex,tec_age,tec_in) VALUES (31,
'钱四','讲师','男',35,'2009-07-01');
    INSERT INTO teacher(tec_id,tec_name,tec_job,tec_sex,tec_age,tec_in) VALUES (32,
'钱五','讲师','男',35,'2009-07-01');
    INSERT INTO teacher(tec_id,tec_name,tec_job,tec_sex,tec_age,tec_in) VALUES (33,
'钱六','讲师','男',35,'2009-07-01');
    INSERT INTO teacher(tec_id,tec_name,tec_job,tec_sex,tec_age,tec_in) VALUES (34,
'钱七','讲师','男',35,'2009-07-01');
    INSERT INTO teacher(tec_id,tec_name,tec_job,tec_sex,tec_age,tec_in) VALUES (35,
'钱八','讲师','男',35,'2009-07-01');
    INSERT INTO teacher(tec_id,tec_name,tec_job,tec_sex,tec_age,tec_in) VALUES (36,
'钱九','讲师','男',35,'2009-07-01');
    INSERT INTO teacher(tec_id,tec_name,tec_job,tec_sex,tec_age,tec_in) VALUES (37,
'吴一','讲师','男',35,'2009-07-01');
    INSERT INTO teacher(tec_id,tec_name,tec_job,tec_sex,tec_age,tec_in) VALUES (38,
'吴二','讲师','男',35,'2009-07-01');
    INSERT INTO teacher(tec_id,tec_name,tec_job,tec_sex,tec_age,tec_in) VALUES (39,
'吴三','讲师','男',35,'2009-07-01');
    INSERT INTO teacher(tec_id,tec_name,tec_job,tec_sex,tec_age,tec_in) VALUES (40,
'吴四','讲师','男',35,'2009-07-01');
    INSERT INTO teacher(tec_id,tec_name,tec_job,tec_sex,tec_age,tec_in) VALUES (41,
'吴五','讲师','男',35,'2009-07-01');
    INSERT INTO teacher(tec_id,tec_name,tec_job,tec_sex,tec_age,tec_in) VALUES (42,
'吴六','讲师','男',35,'2009-07-01');
    INSERT INTO teacher(tec_id,tec_name,tec_job,tec_sex,tec_age,tec_in) VALUES (43,
'吴七','讲师','男',35,'2009-07-01');
    INSERT INTO teacher(tec_id,tec_name,tec_job,tec_sex,tec_age,tec_in) VALUES (44,
```
```

'吴八','讲师','男',35,'2009-07-01');
    INSERT INTO teacher(tec_id,tec_name,tec_job,tec_sex,tec_age,tec_in) VALUES (45,
'吴九','讲师','男',35,'2009-07-01');
    INSERT INTO teacher(tec_id,tec_name,tec_job,tec_sex,tec_age,tec_in) VALUES (46,
'柳一','讲师','男',35,'2009-07-01');
    INSERT INTO teacher(tec_id,tec_name,tec_job,tec_sex,tec_age,tec_in) VALUES (47,
'柳二','讲师','男',35,'2009-07-01');
    INSERT INTO teacher(tec_id,tec_name,tec_job,tec_sex,tec_age,tec_in) VALUES (48,
'柳三','讲师','男',35,'2009-07-01');
    INSERT INTO teacher(tec_id,tec_name,tec_job,tec_sex,tec_age,tec_in) VALUES (49,
'柳四','讲师','男',35,'2009-07-01');
    INSERT INTO teacher(tec_id,tec_name,tec_job,tec_sex,tec_age,tec_in) VALUES (50,
'柳五','讲师','男',35,'2009-07-01');

（3）编辑 class.sql，在 SQL 页面执行脚本 class.sql。代码如下。

    INSERT INTO class(cla_id,cla_name,cla_teacher) VALUES (1,'计算机',1);
    INSERT INTO class(cla_id,cla_name,cla_teacher) VALUES (2,'自动化',3);
    INSERT INTO class(cla_id,cla_name,cla_teacher) VALUES (3,'飞行器设计',5);
    INSERT INTO class(cla_id,cla_name,cla_teacher) VALUES (4,'大学物理',7);
    INSERT INTO class(cla_id,cla_name,cla_teacher) VALUES (5,'高等数学',9);
    INSERT INTO class(cla_id,cla_name,cla_teacher) VALUES (6,'大学化学',12);
    INSERT INTO class(cla_id,cla_name,cla_teacher) VALUES (7,'表演',14);
    INSERT INTO class(cla_id,cla_name,cla_teacher) VALUES (8,'服装设计',16);
    INSERT INTO class(cla_id,cla_name,cla_teacher) VALUES (9,'工业设计',18);
    INSERT INTO class(cla_id,cla_name,cla_teacher) VALUES (10,'金融学',21);
    INSERT INTO class(cla_id,cla_name,cla_teacher) VALUES (11,'医学',23);
    INSERT INTO class(cla_id,cla_name,cla_teacher) VALUES (12,'土木工程',25);
    INSERT INTO class(cla_id,cla_name,cla_teacher) VALUES (13,'机械',27);
    INSERT INTO class(cla_id,cla_name,cla_teacher) VALUES (14,'建筑学',29);
    INSERT INTO class(cla_id,cla_name,cla_teacher) VALUES (15,'经济学',32);
    INSERT INTO class(cla_id,cla_name,cla_teacher) VALUES (16,'财务管理',34);
    INSERT INTO class(cla_id,cla_name,cla_teacher) VALUES (17,'人力资源',36);
    INSERT INTO class(cla_id,cla_name,cla_teacher) VALUES (18,'力学',38);
    INSERT INTO class(cla_id,cla_name,cla_teacher) VALUES (19,'人工智能',41);
    INSERT INTO class(cla_id,cla_name,cla_teacher) VALUES (20,'会计',45);

（4）编辑 school_department.sql，在 SQL 页面执行脚本 school_department.sql。代码如下。

```sql
INSERT INTO school_department(depart_id,depart_name,depart_teacher) VALUES (1,'计算机学院',2);
INSERT INTO school_department(depart_id,depart_name,depart_teacher) VALUES (2,'自动化学院',4);
INSERT INTO school_department(depart_id,depart_name,depart_teacher) VALUES (3,'航空宇航学院',6);
INSERT INTO school_department(depart_id,depart_name,depart_teacher) VALUES (4,'艺术学院',8);
INSERT INTO school_department(depart_id,depart_name,depart_teacher) VALUES (5,'理学院',11);
INSERT INTO school_department(depart_id,depart_name,depart_teacher) VALUES (6,'人工智能学院',13);
INSERT INTO school_department(depart_id,depart_name,depart_teacher) VALUES (7,'工学院',15);
INSERT INTO school_department(depart_id,depart_name,depart_teacher) VALUES (8,'管理学院',17);
INSERT INTO school_department(depart_id,depart_name,depart_teacher) VALUES (9,'农学院',22);
INSERT INTO school_department(depart_id,depart_name,depart_teacher) VALUES (10,'医学院',28);
```

（5）编辑 course.sql，在 SQL 页面执行脚本 course.sql。代码如下。

```sql
INSERT INTO course(cor_id,cor_name,cor_type,credit) VALUES (1,'数据库系统概论','必修',3);
INSERT INTO course(cor_id,cor_name,cor_type,credit) VALUES (2,'艺术设计概论','选修',1);
INSERT INTO course(cor_id,cor_name,cor_type,credit) VALUES (3,'力学制图','必修',4);
INSERT INTO course(cor_id,cor_name,cor_type,credit) VALUES (4,'飞行器设计历史','选修',1);
INSERT INTO course(cor_id,cor_name,cor_type,credit) VALUES (5,'马克思主义','必修',2);
INSERT INTO course(cor_id,cor_name,cor_type,credit) VALUES (6,'大学历史','必修',2);
INSERT INTO course(cor_id,cor_name,cor_type,credit) VALUES (7,'人力资源管理理论',
```

```
'必修',2.5);
    INSERT INTO course(cor_id,cor_name,cor_type,credit) VALUES (8,'线性代数',
'必修',4);
    INSERT INTO course(cor_id,cor_name,cor_type,credit) VALUES (9,'Java 程序设计',
'必修',3);
    INSERT INTO course(cor_id,cor_name,cor_type,credit) VALUES (10,'操作系统',
'必修',4);
    INSERT INTO course(cor_id,cor_name,cor_type,credit) VALUES (11,'计算机组成原理',
'必修',3);
    INSERT INTO course(cor_id,cor_name,cor_type,credit) VALUES (12,'自动化设计理论',
'必修',2);
    INSERT INTO course(cor_id,cor_name,cor_type,credit) VALUES (13,'情绪表演',
'必修',2.5);
    INSERT INTO course(cor_id,cor_name,cor_type,credit) VALUES (14,'茶学历史',
'选修',1);
    INSERT INTO course(cor_id,cor_name,cor_type,credit) VALUES (15,'艺术论',
'必修',1.5);
    INSERT INTO course(cor_id,cor_name,cor_type,credit) VALUES (16,'机器学习',
'必修',3);
    INSERT INTO course(cor_id,cor_name,cor_type,credit) VALUES (17,'数据挖掘',
'选修',2);
    INSERT INTO course(cor_id,cor_name,cor_type,credit) VALUES (18,'图像识别',
'必修',3);
    INSERT INTO course(cor_id,cor_name,cor_type,credit) VALUES (19,'解剖学','必修',4);
    INSERT INTO course(cor_id,cor_name,cor_type,credit) VALUES (20,'3D max',
'选修',2);
```

4.3.3 手动插入一条数据

在完成数据的批量插入后，为了让读者更加深入地了解如何直接插入数据，本实验以学生信息表 student 为例，针对主键属性定义的场景介绍如何手动插入一条数据。

（1）在学校数据库的学生信息表 student 中添加一名学生的信息（主键冲突的场景）。代码如下。

```
# std_id 冲突的情况
    INSERT INTO student(std_id,std_name,std_sex,std_birth,std_in,std_address)
```

```
VALUES (1,'祝丹','女','1994-02-01','2012-09-02','江苏省南京市玄武区');
```

错误信息如下。

```
Duplicate entry '1' for key 'PRIMARY'
```

（2）在学校数据库的学生信息表 student 中添加一名学生的信息（插入成功的场景）。代码如下。

```
# 插入成功的示例
INSERT INTO student(std_id,std_name,std_sex,std_birth,std_in,std_address)
VALUES (51,'祝丹','女','1994-02-01','2012-09-02','江苏省南京市玄武区');
```

读者可通过表查询的语句来查看新的数据是否成功插入学生信息表，此处不再详述。

4.3.4 数据查询

为了让读者了解和熟悉 GaussDB(for MySQL)数据库，本实验主要从基础层面讲解一些简单的数据查询操作，可让读者更快地了解 GaussDB(for MySQL)数据库。

（1）单表查询：查询 B 学校课程信息表 course 中的所有信息。代码如下。

```
SELECT * from course;
```

部分结果的截图如图 4-9 所示。

	cor_id	cor_name	cor_type	credit
1	1	数据库系统概论	必修	3.0
2	2	艺术设计概论	选修	1.0
3	3	力学制图	必修	4.0
4	4	飞行器设计历史	选修	1.0
5	5	马克思主义	必修	2.0
6	6	大学历史	必修	2.0

图 4-9 查询结果（部分）

（2）条件查询：在教师信息表 teacher 中查询教师编号大于 45 的教师的入职年份。代码如下。

```
SELECT tec_id, tec_in FROM teacher WHERE tec_id>45;
```

结果如下。

```
# tec_id, tec_in
46, 2009-07-01 00:00:00
47, 2009-07-01 00:00:00
48, 2009-07-01 00:00:00
49, 2009-07-01 00:00:00
```

```
50, 2009-07-01 00:00:00
```

查询 B 学校中所有选修课程的信息。代码如下。

```
SELECT * FROM course WHERE cor_type='选修';
```

结果如下。

```
# cor_id, cor_name, cor_type, credit
2, 艺术设计概论, 选修, 1
4, 飞行器设计历史, 选修, 1
14, 茶学历史, 选修, 1
17, 数据挖掘, 选修, 2
20, 3D max, 选修, 2
```

（3）分组聚合：在学生信息表 student 中统计入学时间为 2011 年 9 月 1 日的学生数量。代码如下。

```
SELECT COUNT(*) FROM student WHERE std_in='2011-09-01';
```

结果如下。

```
# COUNT(*)
50
```

查询 B 学校中必修课程的平均学分。代码如下。

```
SELECT SUM(credit) FROM course WHERE cor_type='必修';
```

结果如下。

```
# SUM(credit)
43.5
```

（4）连接查询。

① 内连接。查询任职班主任的教师编号、教师姓名和班级名称（教师信息表 teacher 和班级信息表 class）。代码如下。

```
SELECT t.tec_id,t.tec_name,c.cla_name FROM teacher t JOIN class c ON (t.tec_id = c.cla_teacher);
```

结果如下。

```
# tec_id, tec_name, cla_name
1, 张一, 计算机
3, 张三, 自动化
5, 张五, 飞行器设计
7, 张七, 大学物理
9, 张九, 高等数学
12, 李三, 大学化学
```

```
14，李五，表演
16，李七，服装设计
18，李九，工业设计
21，赵三，金融学
23，赵五，医学
25，赵七，土木工程
27，赵九，机械
29，钱二，建筑学
32，钱五，经济学
34，钱七，财务管理
36，钱九，人力资源
38，吴二，力学
41，吴五，人工智能
45，吴九，会计
```

② 左外连接。查询系主任编号大于 20 的院系和教师编号（教师信息表 teacher 和院系信息表 school_department）。代码如下。

```
SELECT s.depart_name,t.tec_id FROM school_department s LEFT JOIN teacher t
ON(s.depart_teacher = t.tec_id) WHERE t.tec_id>20;
```

结果如下。

```
# depart_name, tec_id
农学院，22
医学院，28
```

③ 右外连接。查询系主任编号大于 20 的院系和教师编号（教师信息表 teacher 和院系信息表 school_department）。代码如下。

```
SELECT s.depart_name,t.tec_id FROM school_department s RIGHT JOIN teacher t
ON(s.depart_teacher = t.tec_id) WHERE t.tec_id>20;
```

部分结果的截图如图 4-10 所示。

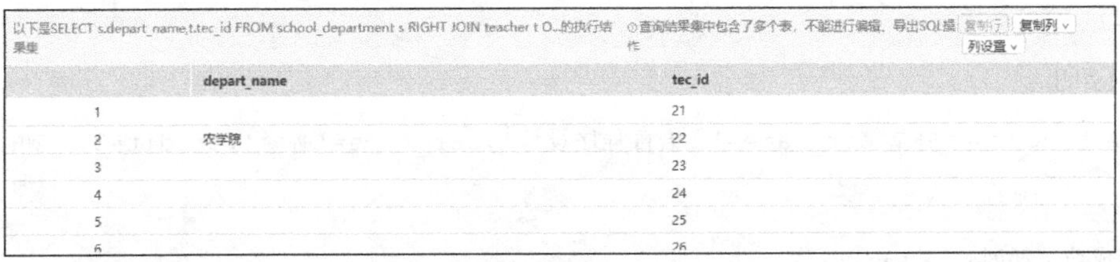
以下是SELECT s.depart_name,t.tec_id FROM school_department s RIGHT JOIN teacher t O...的执行结果集　ⓘ查询结果集中包含了多个表，不能进行编辑、导出SQL操作　复制行　复制列　列设置

	depart_name	tec_id
1		21
2	农学院	22
3		23
4		24
5		25
6		26

图 4-10　查询结果（部分）

④ 全外连接。查询系主任编号大于 20 的院系和教师编号（教师信息表 teacher 和院系信

息表 school_department）。代码如下。

```
SELECT s.depart_name,t.tec_id FROM school_department s LEFT JOIN teacher t ON(s.depart_teacher = t.tec_id) WHERE t.tec_id>20
UNION
SELECT s.depart_name,t.tec_id FROM school_department s RIGHT JOIN teacher t ON(s.depart_teacher = t.tec_id) WHERE t.tec_id>20;
```

部分结果的截图如图 4-11 所示。

以下是SELECT s.depart_name,t.tec_id FROM school_department s LEFT JOIN teacher t ON...的执行结果集　①虚表不能进行编辑、导出SQL操作　复制列　列设置

	depart_name	tec_id
1	农学院	22
2	医学院	28
3		21
4		23
5		24
6		25

图 4-11　查询结果（部分）

综上可得如下结论。

左外连接是指以左边的表为基础表，根据指定的连接条件关联右表，获取基础表及与连接条件匹配的右表数据。

右外连接是指以右边的表为基础表，在内连接的基础上查询在右边的表中有记录，而在左边的表中没有记录的数据。

全连接是指除了返回两个表中满足连接条件的记录外，还会返回不满足连接条件的所有其他行，即左外连接和右外连接查询结果的总和。

如果对两个表使用了全连接，那么将先进行一次左外连接，再进行一次右外连接，最后将两个临时结果集合并。

4.3.5　数据的修改和删除

（1）修改数据：修改/更新课程信息表中的数据。代码如下。

```
# 修改/更新数据
UPDATE course SET cor_name='C 语言程序设计',cor_type='必修',credit=3.5 WHERE cor_id=1;
```

结果如下。

```
UPDATE course SET cor_name='C 语言程序设计',cor_type='必修',credit=3.5 WHERE cor_id=1
执行成功，耗时：[87ms.]
```

查询更新情况。代码如下。

```
# 查询更新情况
```

```
SELECT * FROM course WHERE cor_id=1;
```
结果如下。
```
# cor_id, cor_name, cor_type, credit
1, C语言程序设计, 必修, 3.5
```
（2）删除指定数据：删除教师编号为 8 和 15 的教师所管理的院系。代码如下。
```
# 删除
DELETE FROM school_department WHERE depart_teacher=8 OR depart_teacher=15;
```
结果如下。
```
DELETE FROM school_department WHERE depart_teacher=8 OR depart_teacher=15
```
执行成功，耗时：[10ms.]

查询删除结果。代码如下。
```
SELECT * FROM school_department;
```
结果如下。
```
# depart_id, depart_name, depart_teacher
1, 计算机学院, 2
2, 自动化学院, 4
3, 航空宇航学院, 6
5, 理学院, 11
6, 人工智能学院, 13
8, 管理学院, 17
9, 农学院, 22
10, 医学院, 28
```

4.3.6 使用 JDBC 访问数据库

准备工作：Java 的集成开发环境（推荐使用 IntelliJ IDEA）、MySQL 连接的相关 .jar 包（推荐使用高版本，如 mysql-connector-java-8.0.14.jar）。

（1）创建 Java 项目，如图 4-12～图 4-14 所示。

图 4-12 创建新项目

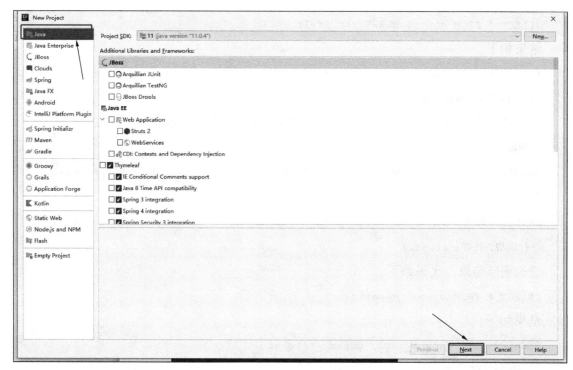

图 4-13 选择 Java 项目

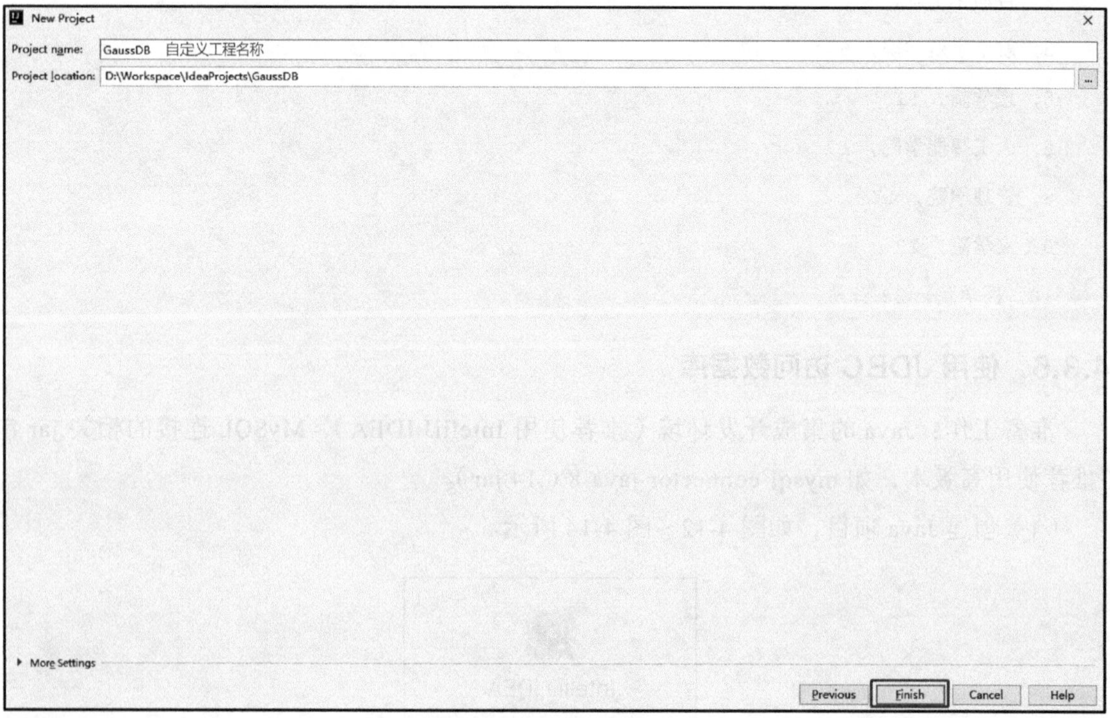

图 4-14 自定义工程名称

完成 Java 工程创建。

（2）将 .jar 包导入项目，如图 4-15～图 4-17 所示。

第 4 部分　场景化综合实验

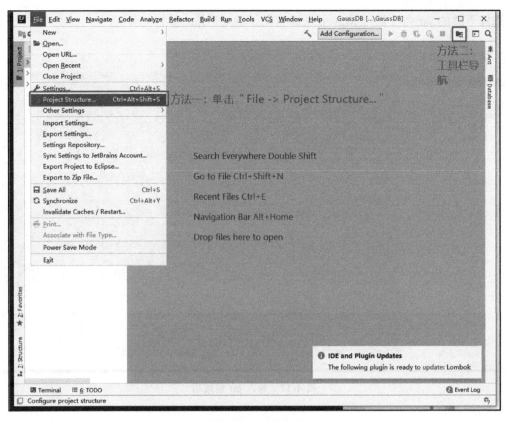

图 4-15　导入 .jar 包

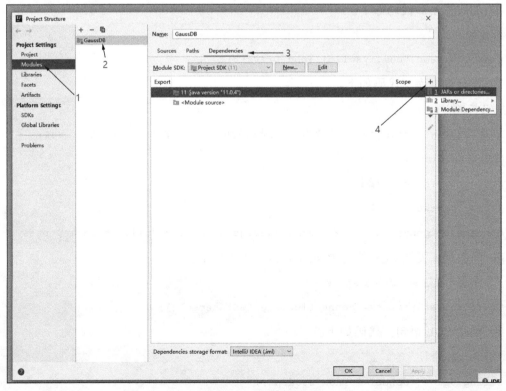

图 4-16　选择 .jar 包

选择下载的.jar包（通过 Maven 仓库官网下载对应.jar 包）。

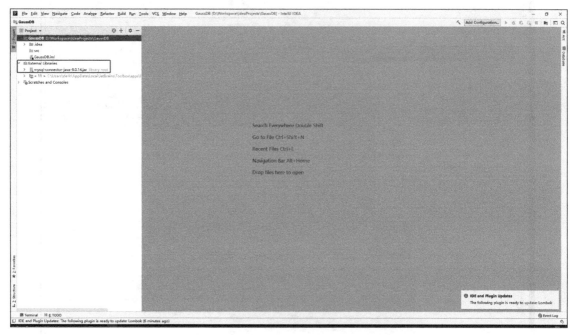

图 4-17　导入.jar 包成功

（3）JDBC 使用步骤如下。

① 加载驱动。代码如下。

```
//加载驱动
Class.forName("com.mysql.cj.jdbc.Driver");
```

② 连接数据库。代码如下。

```
//连接数据库
String url="jdbc:mysql://数据库IP地址:3306/数据库名称?useUnicode=true&characterEncoding=utf-8";
String username = "数据库账号";
String password = "数据库密码";
Connection connection = DriverManager.getConnection(url, username, password);
```

③ 向数据库发送 SQL 的对象 statement。代码如下。

```
//向数据库发送SQL的对象statement
Statement statement = connection.createStatement();
```

④ 编写 SQL 语句。代码如下。

```
//编写SQL语句
String sql = "SELECT * FROM student";
```

⑤ 执行 SQL 语句。代码如下。

```
//执行SQL语句
ResultSet rs = statement.executeQuery(sql);
```

⑥ 关闭连接，释放资源。代码如下。

```
//关闭连接，释放资源(一定要做) 先开后关
rs.close();
statement.close();
connection.close();
```

（4）结果展示。相关 Java 代码参考如下。

```java
public class GaussDBJDBC {
    public static void main(String[] args) throws ClassNotFoundException, SQLException {
        //配置信息
        //useUnicode=true&characterEncoding=utf-8 解决中文乱码
        String url = "jdbc:mysql://数据库IP地址:3306/school?useUnicode=true&characterEncoding=utf-8";
        String username = "数据库用户名";
        String password = "数据库密码";
        //1.加载驱动
        Class.forName("com.mysql.cj.jdbc.Driver");
        //2.连接数据库
        Connection connection = DriverManager.getConnection(url, username, password);
        //3.向数据库发送SQL的对象statement
        Statement statement = connection.createStatement();
        //4.编写SQL语句
        String sql = "SELECT * FROM student";
        //5.执行SQL语句,返回一个结果集
        ResultSet rs = statement.executeQuery(sql);
        while (rs.next()) {
            //student 表
            System.out.print("id:" + rs.getObject("std_id"));
            System.out.print(" name:" + rs.getObject("std_name"));
            System.out.print(" sex:" + rs.getObject("std_sex"));
```

```
                System.out.print(" birth:" + rs.getObject("std_birth"));
                System.out.print(" in:" + rs.getObject("std_in"));
                System.out.println(" address:" + rs.getObject("std_address"));
            }
            //6.关闭连接，释放资源(一定要做)，先开后关
            rs.close();
            statement.close();
            connection.close();
        }
    }
```

注意

输入上述代码时，要修改成自己的数据库配置信息（IP地址、用户名、密码），并导入相关依赖。

运行结果如图4-18所示。

```
id:28 name:钱一 sex:男 birth:1993-01-28 00:00:00.0 in:2011-09-01 00:00:00.0 address:江苏省南京市雨花台区
id:29 name:钱二 sex:男 birth:1993-01-29 00:00:00.0 in:2011-09-01 00:00:00.0 address:江苏省南京市雨花台区
id:30 name:钱三 sex:男 birth:1993-01-30 00:00:00.0 in:2011-09-01 00:00:00.0 address:江苏省南京市雨花台区
id:31 name:钱四 sex:男 birth:1993-02-01 00:00:00.0 in:2011-09-01 00:00:00.0 address:江苏省南京市雨花台区
id:32 name:钱五 sex:男 birth:1993-02-02 00:00:00.0 in:2011-09-01 00:00:00.0 address:江苏省南京市雨花台区
id:33 name:钱六 sex:男 birth:1993-02-03 00:00:00.0 in:2011-09-01 00:00:00.0 address:江苏省南京市雨花台区
id:34 name:钱七 sex:男 birth:1993-02-04 00:00:00.0 in:2011-09-01 00:00:00.0 address:江苏省南京市雨花台区
id:35 name:钱八 sex:男 birth:1993-02-05 00:00:00.0 in:2011-09-01 00:00:00.0 address:江苏省南京市雨花台区
id:36 name:钱九 sex:男 birth:1993-02-06 00:00:00.0 in:2011-09-01 00:00:00.0 address:江苏省南京市雨花台区
id:37 name:吴一 sex:男 birth:1993-02-07 00:00:00.0 in:2011-09-01 00:00:00.0 address:江苏省南京市雨花台区
id:38 name:吴二 sex:男 birth:1993-02-08 00:00:00.0 in:2011-09-01 00:00:00.0 address:江苏省南京市雨花台区
id:39 name:吴三 sex:男 birth:1993-02-09 00:00:00.0 in:2011-09-01 00:00:00.0 address:江苏省南京市雨花台区
id:40 name:吴四 sex:男 birth:1993-02-10 00:00:00.0 in:2011-09-01 00:00:00.0 address:江苏省南京市雨花台区
id:41 name:吴五 sex:男 birth:1993-02-11 00:00:00.0 in:2011-09-01 00:00:00.0 address:江苏省南京市雨花台区
id:42 name:吴六 sex:男 birth:1993-02-12 00:00:00.0 in:2011-09-01 00:00:00.0 address:江苏省南京市雨花台区
id:43 name:吴七 sex:男 birth:1993-02-13 00:00:00.0 in:2011-09-01 00:00:00.0 address:江苏省南京市雨花台区
id:44 name:吴八 sex:男 birth:1993-02-14 00:00:00.0 in:2011-09-01 00:00:00.0 address:江苏省南京市雨花台区
id:45 name:吴九 sex:男 birth:1993-02-15 00:00:00.0 in:2011-09-01 00:00:00.0 address:江苏省南京市雨花台区
id:46 name:柳一 sex:男 birth:1993-02-16 00:00:00.0 in:2011-09-01 00:00:00.0 address:江苏省南京市雨花台区
id:47 name:柳二 sex:男 birth:1993-02-17 00:00:00.0 in:2011-09-01 00:00:00.0 address:江苏省南京市雨花台区
id:48 name:柳三 sex:男 birth:1993-02-18 00:00:00.0 in:2011-09-01 00:00:00.0 address:江苏省南京市雨花台区
id:49 name:柳四 sex:男 birth:1993-02-19 00:00:00.0 in:2011-09-01 00:00:00.0 address:江苏省南京市雨花台区
id:50 name:柳五 sex:男 birth:1993-02-20 00:00:00.0 in:2011-09-01 00:00:00.0 address:江苏省南京市雨花台区

Process finished with exit code 0
```

图4-18 运行结果

4.3.7 使用视图操作数据库

（1）创建视图：选择创建好的school数据库，单击"库管理"，如图4-19所示。

单击"视图"选项卡，单击"新建视图"按钮，如图4-20所示。

进行视图的基本编写，查询所有班级的班主任信息，如图4-21所示。

第 4 部分　场景化综合实验

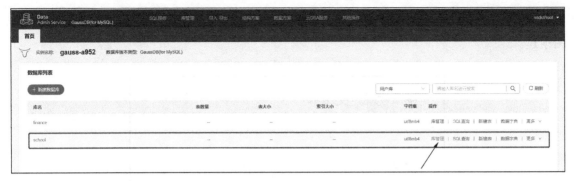

图 4-19　库管理

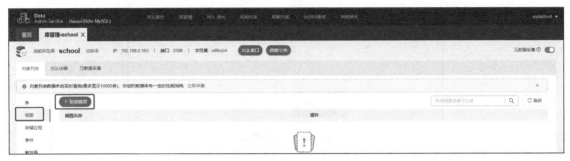

图 4-20　新建视图

图 4-21　编写视图的 SQL 语句

图 4-21 所示的代码如下。

```
SELECT 't'.'tec_id' AS '教师编号','t'.'tec_name' AS '班主任姓名','t'.'tec_job' AS
'班主任职称','c'.'cla_name' AS '班级名称' FROM ('school'.'teacher' 't' join
'school'.'class' 'c' on(('t'.'tec_id' = 'c'.'cla_teacher')))
```

单击"立即创建"按钮后将弹出图 4-22 所示的对话框,单击"执行脚本"按钮,完成视图创建。

图 4-22 执行脚本

(2)单击"打开视图",如图 4-23 所示,查看新创建的视图。

图 4-23 查看新创建的视图

可以查看到所有班级的班主任信息,包括班主任的教师编号、姓名、职称等,如图 4-24 所示。

(3)通过 Java 访问。

① 加载驱动。代码如下。

```
//加载驱动
Class.forName("com.mysql.cj.jdbc.Driver");
```

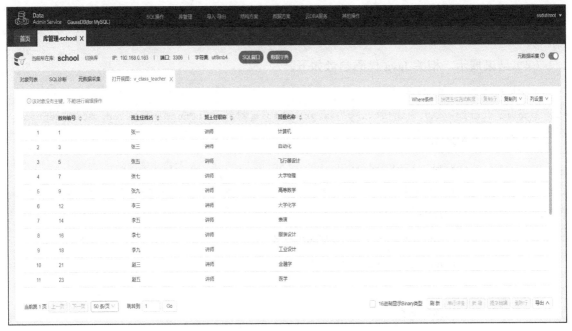

图 4-24 查询结果

② 连接数据库。代码如下。

```
//连接数据库
String url="jdbc:mysql://数据库 IP 地址:3306/数据库名称?useUnicode=true&characterEncoding=utf-8";
String username = "数据库账号";
String password = "数据库密码";
Connection connection = DriverManager.getConnection(url, username, password);
```

③ 向数据库发送 SQL 的对象 statement。代码如下。

```
//向数据库发送 SQL 的对象 statement
Statement statement = connection.createStatement();
```

④ 编写 SQL 语句。代码如下。

```
//编写 SQL 语句
String sql = "SELECT * FROM v_class_teacher";
```

⑤ 执行 SQL 语句。代码如下。

```
//执行 SQL 语句
ResultSet rs = statement.executeQuery(sql);
```

⑥ 关闭连接,释放资源。代码如下。

```
//关闭连接,释放资源(一定要做),先开后关
rs.close();
```

```
statement.close();
connection.close();
```

（4）结果展示。相关 Java 代码参考如下。

```java
public class GaussDBJDBC {
    public static void main(String[] args) throws ClassNotFoundException, SQLException {
        //配置信息
        //useUnicode=true&characterEncoding=utf-8 解决中文乱码
        String url = "jdbc:mysql://数据库IP地址:3306/school?useUnicode=true&characterEncoding=utf-8";
        String username = "数据库用户名";
        String password = "数据库密码";

        //1.加载驱动
        Class.forName("com.mysql.cj.jdbc.Driver");
        //2.连接数据库
        Connection connection = DriverManager.getConnection(url, username, password);
        //3.向数据库发送SQL的对象statement
        Statement statement = connection.createStatement();
        //4.编写SQL语句
        String sql = "SELECT * FROM v_class_teacher";
        //5.执行SQL语句，返回一个结果集
        ResultSet rs = statement.executeQuery(sql);
        while (rs.next()) {
            //对应视图
            System.out.print("教师编号:" + rs.getObject("教师编号"));
            System.out.print(" 班主任姓名:" + rs.getObject("班主任姓名"));
            System.out.print(" 班主任职称:" + rs.getObject("班主任职称"));
            System.out.println(" 班级名称:" + rs.getObject("班级名称"));
        }
        //6.关闭连接，释放资源(一定要做)，先开后关
        rs.close();
        statement.close();
        connection.close();
```

```
        }
    }
```

 输入上述代码时,要修改成自己的数据库配置信息(IP 地址、用户名、密码),并导入相关依赖。

运行结果如图 4-25 所示。

图 4-25　运行结果

4.3.8　使用 Python 连接数据库

准备工作:安装 Python 环境,本实验使用的 Python 版本为 Python 3.8;安装 Visual Studio Code 或 Sublime 或 Atom,或者不安装。Python 环境可到 Python 官网下载。Visual Studio Code 可到微软官网下载。

1. 安装 MySQL 连接驱动

Windows 操作系统下打开 CMD 窗口,Mac OS 或 Linux 系列操作系统下打开终端,输入"pip install PyMySQL"命令。等待安装完成,如图 4-26 所示。

图 4-26　安装 MySQL 连接驱动

2. 创建 Python 文件

Windows 操作系统:在自己打算存放相关文件的文件夹下单击鼠标右键,创建后缀名为.py 的文件（也可以创建.txt 文件，然后修改后缀名），如 MySQLDemo.py。

Linux 操作系统或 Mac OS：打开终端，输入命令"touch MySQLDemo.py"即可创建文件。也可以直接使用 Visual Studio Code，如图 4-27 所示。

图 4-27 步骤 1

单击"新建文件"命令，输入文件名"MySQLDemo.py"，单击"保存"按钮，如图 4-28 所示。

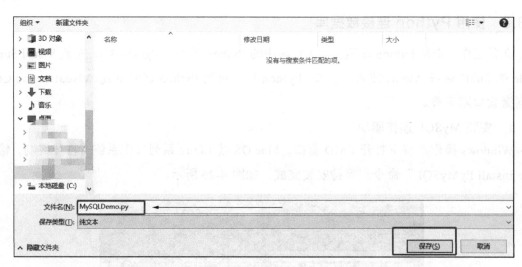

图 4-28 步骤 2

3. Python 代码编写

（1）引入 MySQL 连接。代码如下。

```
# 引入 MySQL 连接
```

```python
import pymysql
```

（2）打开数据库连接。代码如下。

```python
# 打开数据库连接，从左到右依次是 host、username、password、db_name
db = pymysql.connect("数据库IP地址", "数据库用户名", "数据库密码", "数据库名称")
```

（3）创建游标对象。代码如下。

```python
# 使用 cursor()方法创建一个游标对象 cursor
cursor = db.cursor()
```

（4）执行 SQL 语句。代码如下。

```python
# 使用 execute()方法执行 SQL 语句
cursor.execute("SELECT * FROM student")
```

（5）获取执行结果。代码如下。

```python
# 使用 fetchall()方法获取所有数据
students = cursor.fetchall()
```

（6）输出结果。

```python
# 遍历输出 students
for stu in students:
    print(stu)
```

（7）关闭数据库连接。代码如下。

```python
# 关闭数据库连接
db.close()
```

4. 结果展示

完整 Python 代码参考如下。

```python
# 1. 引入 MySQL 连接
import pymysql
# 2. 打开数据库连接，从左到右依次是 host、username、password、db_name
db = pymysql.connect("数据库IP地址", "数据库用户名", "数据库密码", "数据库名称")
# 3. 使用 cursor() 方法创建一个游标对象 cursor
cursor = db.cursor()
# 4. 使用 execute()方法执行 SQL 语句
cursor.execute("SELECT * FROM student")
# 5. 使用 fetchall() 方法获取所有数据
students = cursor.fetchall()
# 6. 遍历输出 students
for stu in students:
```

```
print(stu)
# 7. 关闭数据库连接
db.close()
```

 输入上述代码时，要修改成自己的数据库配置信息（IP 地址、用户名、密码、数据库名称）。

单击右上角"运行"按钮，也可以使用 Windows 操作系统的 CMD 窗口、Linux 操作系统或 Mac OS 终端执行。

```
python3 MySQLDemo.py
```

运行结果如图 4-29 所示。

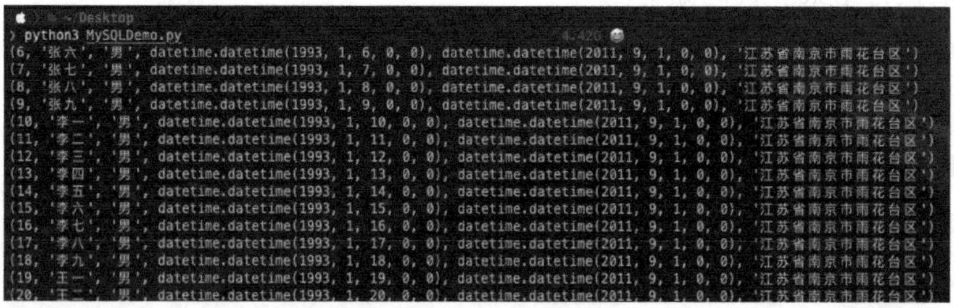

图 4-29　运行结果

4.4　金融数据库模型

假设 A 市的 C 银行为了方便对银行数据的管理和操作，引入了华为 GaussDB(for MySQL) 数据库。针对 C 银行的业务，本实验主要将对象分为客户、银行卡、理财产品、保险、基金和资产。因此，针对这些数据库对象，本实验假设 C 银行的金融数据库存在以下关系：客户可以办理银行卡，同时客户可以购买不同的银行产品，如资产、理财产品、基金和保险。根据 C 银行的对象关系，下面将给出相应的关系模式和 E-R 图，并进行较为复杂的数据库操作。

4.4.1　关系模式

对于 C 银行中的 6 个对象，分别建立属于每个对象的属性集合，具体属性描述如下。
- 客户（客户编号、客户名称、客户邮箱，客户身份证，客户手机号，客户登录密码）。
- 银行卡（银行卡号，银行卡类型，所属客户编号）。
- 理财产品（产品名称，产品编号，产品描述，购买金额，理财年限）。
- 保险（保险名称，保险编号，保险金额，适用人群，保险年限，保障项目）。
- 基金（基金名称，基金编号，基金类型，基金金额，风险等级，基金管理者）。
- 资产（所属客户编号，商品编号，商品状态，商品数量，商品收益，购买时间）。

上述属性对应的参数如下。

- client(c_id, c_name, c_mail, c_id_card, c_phone, c_password)。
- bank_card(b_number, b_type, b_c_id)。
- finances_product(p_name, p_id, p_description, p_amount, p_year)。
- insurance(i_name, i_id, i_amount, i_person, i_year, i_project)。
- fund(f_name, f_id, f_type, f_amount, risk_level, f_manager)。
- property(pro_c_id, pro_id, pro_status, pro_quantity, pro_income, pro_purchase_time)。

对象之间的关系如下。

- 一个客户可以办理多张银行卡。
- 一个客户可有多笔资产。
- 一个客户可以购买多个理财产品，同一类理财产品可被多个客户购买。
- 一个客户可以购买多个基金，同一类基金可被多个客户购买。
- 一个客户可以购买多个保险，同一类保险可被多个客户购买。

4.4.2 E-R 图

金融数据库模型的 E-R 图如图 4-30 所示。

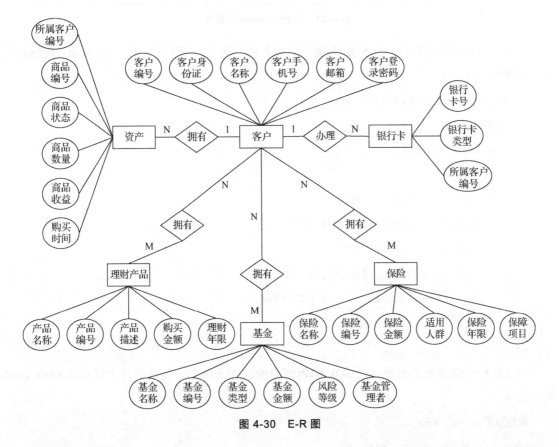

图 4-30 E-R 图

4.5 金融数据库模型表操作

4.5.1 表的创建

根据 C 银行的场景描述，本小节分别针对客户（client）、银行卡（bank_card）、理财产品（finances_product）、保险（insurance）、基金（fund）和资产（property）创建相应的表，具体的实验步骤如下所示。

（1）创建金融数据库 finance。代码如下。

```
CREATE DATABASE finance;
```

设置默认数据库库名为 finance，如图 4-31 所示。

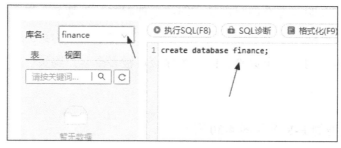

图 4-31　创建 finance 数据库

（2）客户信息表的创建：在 SQL 编辑框中输入如下语句，创建客户信息表 client。代码如下。

```
# 删除表 client
DROP TABLE IF EXISTS client;
# 创建表 client
CREATE TABLE client
(
        c_id INT PRIMARY KEY,
        c_name VARCHAR(100) NOT NULL,
        c_mail CHAR(30) UNIQUE,
        c_id_card CHAR(20) UNIQUE NOT NULL,
        c_phone CHAR(20) UNIQUE NOT NULL,
        c_password CHAR(20) NOT NULL
);
```

（3）银行卡信息表的创建：在 SQL 编辑框中输入如下语句，创建银行卡信息表 bank_card。代码如下。

```
# 删除表 bank_card
DROP TABLE IF EXISTS bank_card;
```

```
# 创建表 bank_card
CREATE TABLE bank_card
(
        b_number CHAR(30) PRIMARY KEY,
        b_type CHAR(20),
        b_c_id INT NOT NULL
);
# 给表 bank_card 添加外键约束
ALTER TABLE bank_card ADD CONSTRAINT fk_c_id FOREIGN KEY (b_c_id) REFERENCES client(c_id) ON DELETE CASCADE;
```

银行卡信息表中的 b_c_id 与客户信息表中的 c_id 一致，且每张银行卡都必须有一个持卡者。

在进行表删除时，需要先删除 bank_card 表，再删除 client 表，因为两个表间存在约束。

（4）理财产品信息表的创建：在 SQL 编辑框中输入如下语句，创建理财产品信息表 finances_product。代码如下。

```
# 删除表 finances_product
DROP TABLE IF EXISTS finances_product;
# 创建表 finances_product
CREATE TABLE finances_product
(
        p_name VARCHAR(100) NOT NULL,
        p_id INT PRIMARY KEY,
        p_description BLOB,
        p_amount INT,
        p_year INT
);
```

（5）保险信息表的创建：在 SQL 编辑框中输入如下语句，创建保险信息表 insurance。代码如下。

```
# 删除表 insurance
DROP TABLE IF EXISTS insurance;
# 创建表 insurance
CREATE TABLE insurance
```

```
(
        i_name VARCHAR(100) NOT NULL,
        i_id INT PRIMARY KEY,
        i_amount INT,
        i_person CHAR(20),
        i_year INT,
        i_project VARCHAR(200)
);
```

（6）基金信息表的创建：在 SQL 编辑框中输入如下语句，创建基金信息表 fund。代码如下。

```
# 删除表 fund
DROP TABLE IF EXISTS fund;
# 创建表 fund
CREATE TABLE fund
(
        f_name VARCHAR(100) NOT NULL,
        f_id INT PRIMARY KEY,
        f_type CHAR(20),
        f_amount INT,
        risk_level CHAR(20) NOT NULL,
        f_manager INT NOT NULL
);
```

（7）资产信息表的创建：在 SQL 编辑框中输入如下语句，创建资产信息表 property。代码如下。

```
# 删除表 property
DROP TABLE IF EXISTS property;
# 创建表 property
CREATE TABLE property
(
        pro_c_id INT NOT NULL,
        pro_id INT PRIMARY KEY,
        pro_status CHAR(20),
        pro_quantity INT,
        pro_income INT,
        pro_purchase_time DATETIME
```

);
给表property添加外键约束
ALTER TABLE property ADD CONSTRAINT fk_pro_c_id FOREIGN KEY (pro_c_id) REFERENCES client(c_id) ON DELETE CASCADE;

> 资产信息表中的 pro_c_id 与客户信息表中的 c_id 一致，且每一份资产都必须有一个资产拥有者。
>
> 在进行表删除时，需要先删除 property 表，再删除 client 表，因为这两个表间存在约束。

4.5.2 表数据的插入

为了实现对表数据的相关操作，本实验需要以执行 SQL 脚本的方式对金融数据库的相关表插入部分数据。

（1）编辑 client.sql，在 SQL 页面执行脚本 client.sql。代码如下。

```
INSERT INTO client(c_id,c_name,c_mail,c_id_card,c_phone,c_password) VALUES (1,'张一','zhangyi@huawei.com','340211199301010001','18815650001','gaussdb_001');
INSERT INTO client(c_id,c_name,c_mail,c_id_card,c_phone,c_password) VALUES (2,'张二','zhanger@huawei.com','340211199301010002','18815650002','gaussdb_002');
INSERT INTO client(c_id,c_name,c_mail,c_id_card,c_phone,c_password) VALUES (3,'张三','zhangsan@huawei.com','340211199301010003','18815650003','gaussdb_003');
INSERT INTO client(c_id,c_name,c_mail,c_id_card,c_phone,c_password) VALUES (4,'张四','zhangsi@huawei.com','340211199301010004','18815650004','gaussdb_004');
INSERT INTO client(c_id,c_name,c_mail,c_id_card,c_phone,c_password) VALUES (5,'张五','zhangwu@huawei.com','340211199301010005','18815650005','gaussdb_005');
INSERT INTO client(c_id,c_name,c_mail,c_id_card,c_phone,c_password) VALUES (6,'张六','zhangliu@huawei.com','340211199301010006','18815650006','gaussdb_006');
INSERT INTO client(c_id,c_name,c_mail,c_id_card,c_phone,c_password) VALUES (7,'张七','zhangqi@huawei.com','340211199301010007','18815650007','gaussdb_007');
INSERT INTO client(c_id,c_name,c_mail,c_id_card,c_phone,c_password) VALUES (8,'张八','zhangba@huawei.com','340211199301010008','18815650008','gaussdb_008');
INSERT INTO client(c_id,c_name,c_mail,c_id_card,c_phone,c_password) VALUES (9,'张九','zhangjiu@huawei.com','340211199301010009','18815650009','gaussdb_009');
INSERT INTO client(c_id,c_name,c_mail,c_id_card,c_phone,c_password) VALUES (10,'李一','liyi@huawei.com','340211199301010010','18815650010','gaussdb_010');
```

```sql
INSERT INTO client(c_id,c_name,c_mail,c_id_card,c_phone,c_password) VALUES (11,'李二','lier@huawei.com','340211199301010011','18815650011','gaussdb_011');
INSERT INTO client(c_id,c_name,c_mail,c_id_card,c_phone,c_password) VALUES (12,'李三','lisan@huawei.com','340211199301010012','18815650012','gaussdb_012');
INSERT INTO client(c_id,c_name,c_mail,c_id_card,c_phone,c_password) VALUES (13,'李四','lisi@huawei.com','340211199301010013','18815650013','gaussdb_013');
INSERT INTO client(c_id,c_name,c_mail,c_id_card,c_phone,c_password) VALUES (14,'李五','liwu@huawei.com','340211199301010014','18815650014','gaussdb_014');
INSERT INTO client(c_id,c_name,c_mail,c_id_card,c_phone,c_password) VALUES (15,'李六','liliu@huawei.com','340211199301010015','18815650015','gaussdb_015');
INSERT INTO client(c_id,c_name,c_mail,c_id_card,c_phone,c_password) VALUES (16,'李七','liqi@huawei.com','340211199301010016','18815650016','gaussdb_016');
INSERT INTO client(c_id,c_name,c_mail,c_id_card,c_phone,c_password) VALUES (17,'李八','liba@huawei.com','340211199301010017','18815650017','gaussdb_017');
INSERT INTO client(c_id,c_name,c_mail,c_id_card,c_phone,c_password) VALUES (18,'李九','lijiu@huawei.com','340211199301010018','18815650018','gaussdb_018');
INSERT INTO client(c_id,c_name,c_mail,c_id_card,c_phone,c_password) VALUES (19,'赵一','zhaoyi@huawei.com','340211199301010019','18815650019','gaussdb_019');
INSERT INTO client(c_id,c_name,c_mail,c_id_card,c_phone,c_password) VALUES (20,'赵二','zhaoer@huawei.com','340211199301010020','18815650020','gaussdb_020');
INSERT INTO client(c_id,c_name,c_mail,c_id_card,c_phone,c_password) VALUES (21,'赵三','zhaosan@huawei.com','340211199301010021','18815650021','gaussdb_021');
INSERT INTO client(c_id,c_name,c_mail,c_id_card,c_phone,c_password) VALUES (22,'赵四','zhaosi@huawei.com','340211199301010022','18815650022','gaussdb_022');
INSERT INTO client(c_id,c_name,c_mail,c_id_card,c_phone,c_password) VALUES (23,'赵五','zhaowu@huawei.com','340211199301010023','18815650023','gaussdb_023');
INSERT INTO client(c_id,c_name,c_mail,c_id_card,c_phone,c_password) VALUES (24,'赵六','zhaoliu@huawei.com','340211199301010024','18815650024','gaussdb_024');
INSERT INTO client(c_id,c_name,c_mail,c_id_card,c_phone,c_password) VALUES (25,'赵七','zhaoqi@huawei.com','340211199301010025','18815650025','gaussdb_025');
INSERT INTO client(c_id,c_name,c_mail,c_id_card,c_phone,c_password) VALUES (26,'赵八','zhaoba@huawei.com','340211199301010026','18815650026','gaussdb_026');
INSERT INTO client(c_id,c_name,c_mail,c_id_card,c_phone,c_password) VALUES (27,'赵九','zhaojiu@huawei.com','340211199301010027','18815650027','gaussdb_027');
```

```sql
INSERT INTO client(c_id,c_name,c_mail,c_id_card,c_phone,c_password) VALUES (28,
'钱一','qianyi@huawei.com','340211199301010028','18815650028','gaussdb_028');
INSERT INTO client(c_id,c_name,c_mail,c_id_card,c_phone,c_password) VALUES (29,
'钱二','qianer@huawei.com','340211199301010029','18815650029','gaussdb_029');
INSERT INTO client(c_id,c_name,c_mail,c_id_card,c_phone,c_password) VALUES (30,
'钱三','qiansan@huawei.com','340211199301010030','18815650030','gaussdb_030');
```

（2）编辑 bank_card.sql，在 SQL 页面执行脚本 bank_card.sql。代码如下。

```sql
INSERT INTO bank_card(b_number,b_type,b_c_id) VALUES ('6222021302020000001',
'信用卡',1);
INSERT INTO bank_card(b_number,b_type,b_c_id) VALUES ('6222021302020000002',
'信用卡',3);
INSERT INTO bank_card(b_number,b_type,b_c_id) VALUES ('6222021302020000003',
'信用卡',5);
INSERT INTO bank_card(b_number,b_type,b_c_id) VALUES ('6222021302020000004',
'信用卡',7);
INSERT INTO bank_card(b_number,b_type,b_c_id) VALUES ('6222021302020000005',
'信用卡',9);
INSERT INTO bank_card(b_number,b_type,b_c_id) VALUES ('6222021302020000006',
'信用卡',10);
INSERT INTO bank_card(b_number,b_type,b_c_id) VALUES ('6222021302020000007',
'信用卡',12);
INSERT INTO bank_card(b_number,b_type,b_c_id) VALUES ('6222021302020000008',
'信用卡',14);
INSERT INTO bank_card(b_number,b_type,b_c_id) VALUES ('6222021302020000009',
'信用卡',16);
INSERT INTO bank_card(b_number,b_type,b_c_id) VALUES ('6222021302020000010',
'信用卡',18);
INSERT INTO bank_card(b_number,b_type,b_c_id) VALUES ('6222021302020000011',
'储蓄卡',19);
INSERT INTO bank_card(b_number,b_type,b_c_id) VALUES ('6222021302020000012',
'储蓄卡',21);
INSERT INTO bank_card(b_number,b_type,b_c_id) VALUES ('6222021302020000013',
'储蓄卡',7);
INSERT INTO bank_card(b_number,b_type,b_c_id) VALUES ('6222021302020000014',
```

```sql
'储蓄卡',23);
    INSERT INTO bank_card(b_number,b_type,b_c_id) VALUES ('6222021302020000015',
'储蓄卡',24);
    INSERT INTO bank_card(b_number,b_type,b_c_id) VALUES ('6222021302020000016',
'储蓄卡',3);
    INSERT INTO bank_card(b_number,b_type,b_c_id) VALUES ('6222021302020000017',
'储蓄卡',26);
    INSERT INTO bank_card(b_number,b_type,b_c_id) VALUES ('6222021302020000018',
'储蓄卡',27);
    INSERT INTO bank_card(b_number,b_type,b_c_id) VALUES ('6222021302020000019',
'储蓄卡',12);
    INSERT INTO bank_card(b_number,b_type,b_c_id) VALUES ('6222021302020000020',
'储蓄卡',29);
```

（3）编辑 finances_product.sql，在 SQL 页面执行脚本 finances_product.sql。代码如下。

```sql
    INSERT INTO finances_product(p_name,p_id,p_description,p_amount,p_year) VALUES
('债券',1,'以国债、金融债、央行票据、企业债为主要投资方向的银行理财产品。',50000,6);
    INSERT INTO finances_product(p_name,p_id,p_description,p_amount,p_year) VALUES
('信贷资产',2,'指由银行发放的各种贷款所形成的资产业务。',50000,6);
    INSERT INTO finances_product(p_name,p_id,p_description,p_amount,p_year) VALUES
('股票',3,'与股票挂钩的理财产品。目前市场上主要以与港股挂钩的居多',50000,6);
    INSERT INTO finances_product(p_name,p_id,p_description,p_amount,p_year) VALUES
('大宗商品',4,'与大宗商品期货挂钩的理财产品。目前市场上主要以与黄金、石油、农产品挂钩的理财产品居多。',50000,6);
```

（4）编辑 insurance.sql，在 SQL 页面执行脚本 insurance.sql。代码如下。

```sql
    INSERT INTO insurance(i_name,i_id,i_amount,i_person,i_year,i_project) VALUES
('健康保险',1,2000,'老人',30,'平安保险');
    INSERT INTO insurance(i_name,i_id,i_amount,i_person,i_year,i_project) VALUES
('人寿保险',2,3000,'老人',30,'平安保险');
    INSERT INTO insurance(i_name,i_id,i_amount,i_person,i_year,i_project) VALUES
('意外保险',3,5000,'所有人',30,'平安保险');
    INSERT INTO insurance(i_name,i_id,i_amount,i_person,i_year,i_project) VALUES
('医疗保险',4,2000,'所有人',30,'平安保险');
    INSERT INTO insurance(i_name,i_id,i_amount,i_person,i_year,i_project) VALUES
('财产损失保险',5,1500,'中年人',30,'平安保险');
```

（5）编辑 fund.sql，在 SQL 页面执行脚本 fund.sql。代码如下。

```
INSERT INTO fund(f_name,f_id,f_type,f_amount,risk_level,f_manager) VALUES
('股票',1,'股票型',10000,'高',1);
INSERT INTO fund(f_name,f_id,f_type,f_amount,risk_level,f_manager) VALUES
('投资',2,'债券型',10000,'中',2);
INSERT INTO fund(f_name,f_id,f_type,f_amount,risk_level,f_manager) VALUES
('国债',3,'货币型',10000,'低',3);
INSERT INTO fund(f_name,f_id,f_type,f_amount,risk_level,f_manager) VALUES
('沪深300指数',4,'指数型',10000,'中',4);
```

（6）编辑 property.sql，在 SQL 页面执行脚本 property.sql。代码如下。

```
INSERT INTO property(pro_c_id,pro_id,pro_status,pro_quantity,pro_income,pro_purchase_time) VALUES (5,1,'可用',4,8000,'2018-07-01');
INSERT INTO property(pro_c_id,pro_id,pro_status,pro_quantity,pro_income,pro_purchase_time) VALUES (10,2,'可用',4,8000,'2018-07-01');
INSERT INTO property(pro_c_id,pro_id,pro_status,pro_quantity,pro_income,pro_purchase_time) VALUES (15,3,'可用',4,8000,'2018-07-01');
INSERT INTO property(pro_c_id,pro_id,pro_status,pro_quantity,pro_income,pro_purchase_time) VALUES (20,4,'冻结',4,8000,'2018-07-01');
```

4.5.3 手动插入一条数据

当 C 银行有新的信息需要加入数据库时，用户需要在对应的数据库表中手动插入一条新的数据。因此，本小节针对非主键属性定义的场景，以客户信息表 client 为例介绍如何手动插入一条数据。

（1）在金融数据库的客户信息表 client 中添加一名客户的信息（属性冲突的场景）。代码如下。

```
# c_id_card 和 c_phone 非唯一
INSERT INTO client(c_id,c_name,c_mail,c_id_card,c_phone,c_password) VALUES (31,'李丽','lili@huawei.com','3402111993301010005','18815650005','gaussdb_005');
```

错误信息如下。

```
Duplicate entry '3402111993301010005' for key 'c_id_card'
```

 由于在表的创建过程中，本实验定义了 c_id_card 和 c_phone 为唯一且非空（UNIQUE NOT NULL），因此当插入的数据在表中已存在时，插入数据将失败。

（2）在金融数据库的客户信息表中添加一名客户的信息（插入成功的场景）。代码如下。

```
# 插入成功的示例
```

```
INSERT INTO client(c_id,c_name,c_mail,c_id_card,c_phone,c_password) VALUES (31,'
李丽','lili@huawei.com','340211199301010031','18815650031','gaussdb_031');
```

4.5.4 数据查询

在学校数据库模型实验中,我们已经实现了一些简单的数据查询操作。金融数据库实验的主要目的是让读者学到更深一层的查询操作,更深入地了解 GaussDB(for MySQL)数据库。

(1)单表查询:查询银行卡信息表 bank_card 的银行卡号 b_number 和银行卡类型 b-type 字段信息。代码如下。

```
SELECT b_number,b_type FROM bank_card;
```

结果如下。

```
# b_number, b_type
6222021302020000001, 信用卡
6222021302020000002, 信用卡
6222021302020000003, 信用卡
6222021302020000004, 信用卡
6222021302020000005, 信用卡
6222021302020000006, 信用卡
6222021302020000007, 信用卡
6222021302020000008, 信用卡
6222021302020000009, 信用卡
6222021302020000010, 信用卡
6222021302020000011, 储蓄卡
6222021302020000012, 储蓄卡
6222021302020000013, 储蓄卡
6222021302020000014, 储蓄卡
6222021302020000015, 储蓄卡
6222021302020000016, 储蓄卡
6222021302020000017, 储蓄卡
6222021302020000018, 储蓄卡
6222021302020000019, 储蓄卡
6222021302020000020, 储蓄卡
```

(2)条件查询:查询资产信息表 property 中"可用"的资产数据。代码如下。

```
select * from property where pro_status='可用';
```

结果如下。

```
# pro_c_id, pro_id, pro_status, pro_quantity, pro_income, pro_purchase_time
5, 1, 可用, 4, 8000, 2018-07-01 00:00:00
10, 2, 可用, 4, 8000, 2018-07-01 00:00:00
15, 3, 可用, 4, 8000, 2018-07-01 00:00:00
```

（3）连接查询。

① 半连接：查询在银行卡信息表 bank_card 中出现的客户编号及其对应的姓名和身份证号。代码如下。

```
SELECT c_id,c_name,c_id_card FROM client WHERE EXISTS (SELECT * FROM bank_card WHERE client.c_id = bank_card.b_c_id);
```

结果如下。

```
# c_id, c_name, c_id_card
1, 张一, 340211199301010001
3, 张三, 340211199301010003
5, 张五, 340211199301010005
7, 张七, 340211199301010007
9, 张九, 340211199301010009
10, 李一, 340211199301010010
12, 李三, 340211199301010012
14, 李五, 340211199301010014
16, 李七, 340211199301010016
18, 李九, 340211199301010018
19, 赵一, 340211199301010019
21, 赵三, 340211199301010021
23, 赵五, 340211199301010023
24, 赵六, 340211199301010024
26, 赵八, 340211199301010026
27, 赵九, 340211199301010027
29, 钱二, 340211199301010029
```

半连接是一种特殊的连接类型，在 SQL 中没有指定的关键字，通过在 WHERE 后面使用 IN 或 EXISTS 子查询实现。当有多行数据满足 IN 或 EXISTS 子查询的条件时，主查询也只返回一行与 IN 或 EXISTS 子查询匹配的数据，而不是复制左侧的行。

② 反连接：查询银行卡号不是'622202130202000001*'（*表示未知）的客户的编号、姓名和身份证号。代码如下。

```
SELECT c_id,c_name,c_id_card FROM client WHERE c_id NOT IN (SELECT b_c_id FROM bank_card WHERE b_number LIKE '622202130202000001_');
```

结果如下。

```
# c_id, c_name, c_id_card
1, 张一, 340211199301010001
2, 张二, 340211199301010002
4, 张四, 340211199301010004
5, 张五, 340211199301010005
6, 张六, 340211199301010006
8, 张八, 340211199301010008
9, 张九, 340211199301010009
10, 李一, 340211199301010010
11, 李二, 340211199301010011
13, 李四, 340211199301010013
14, 李五, 340211199301010014
15, 李六, 340211199301010015
16, 李七, 340211199301010016
17, 李八, 340211199301010017
20, 赵二, 340211199301010020
22, 赵四, 340211199301010022
25, 赵七, 340211199301010025
28, 钱一, 340211199301010028
29, 钱二, 340211199301010029
30, 钱三, 340211199301010030
31, 李丽, 340211199301010031
```

注意　反连接是一种特殊的连接类型，在 SQL 中没有指定的关键字，通过在 WHERE 后面使用 NOT IN 或 NOT EXISTS 子查询实现；返回所有不满足条件的行。

（4）子查询：查询保险产品中保险金额大于平均值的保险名称和适用人群。代码如下。

```
SELECT i1.i_name,i1.i_amount,i1.i_person FROM insurance i1 WHERE i_amount > (SELECT AVG(i_amount) FROM insurance i2);
```

结果如下。

```
# i_name, i_amount, i_person
人寿保险, 3000, 老人
意外保险, 5000, 所有人
```

（5）ORDER BY 和 GROUP BY 子句。

① ORDER BY 子句：按照保险金额降序查询保险编号大于 2 的保险名称、保险金额和适用人群。代码如下。

```
SELECT i_name,i_amount,i_person FROM insurance WHERE i_id>2 ORDER BY i_amount DESC;
```

结果如下。

```
# i_name, i_amount, i_person
意外保险, 5000, 所有人
医疗保险, 2000, 所有人
财产损失保险, 1500, 中年人
```

② GROUP BY 子句：查询各保险的信息总数并按照 p_year 分组。代码如下。

```
SELECT p_year,COUNT(p_id) FROM finances_product GROUP BY p_year;
```

结果如下。

```
# p_year, count(p_id)
6, 4
```

（6）HAVING 和 WITH AS 子句。

① HAVING 子句：查询保险金额统计数量等于 2 的人群。代码如下。

```
SELECT i_person,count(i_amount) FROM insurance GROUP BY i_person HAVING count(i_amount)=2;
```

结果如下。

```
# i_person, count(i_amount)
老人, 2
所有人, 2
```

HAVING 子句依附于 GROUP BY 子句而存在。

② WITH AS 子句：使用 WITH AS 子句查询基金信息表 fund 的信息。代码如下。

```
WITH temp AS (SELECT f_name,ln(f_amount) FROM fund ORDER BY f_manager DESC) SELECT * FROM temp;
```

结果如下。

```
# f_name, ln(f_amount)
```

沪深300指数, 9.210340371976184

国债, 9.210340371976184

投资, 9.210340371976184

股票, 9.210340371976184

 该子句为定义一个SQL片段，该SQL片段会被整个SQL语句用到，可以使SQL语句的可读性更好。存储SQL片段的表与基本表不同，是一个虚表。虚表中的数据存放在原来的基本表中，若基本表中的数据发生变化，从存储SQL片段的表中查询出的数据也将随之改变。

（7）索引：在普通表property上创建索引。代码如下。

CREATE INDEX idx_property ON property(pro_c_id DESC,pro_income,pro_purchase_time);

结果如下。

0 row(s) affected Records: 0 Duplicates: 0 Warnings: 0

在普通表property上重建及重命名索引。代码如下。

重建索引

DROP INDEX idx_property on property;

CREATE INDEX idx_property ON property(pro_c_id DESC,pro_income,pro_purchase_time);

重命名索引

ALTER TABLE property RENAME INDEX idx_property TO idx_property_temp;

删除索引idx_property_temp。代码如下。

DROP INDEX idx_property_temp ON property;

4.5.5 数据的修改和删除

（1）修改数据：修改/更新银行卡信息表bank_card中b_c_id小于10且等于客户信息表client中c_id的记录的b_type字段。步骤如下。

① 按b_c_id降序排列，查询表bank_card中b_c_id小于10的记录。代码如下。

查看表数据

SELECT * FROM bank_card WHERE b_c_id<10 ORDER BY b_c_id;

结果如下。

b_number, b_type, b_c_id

6222021302020000001, 信用卡, 1

6222021302020000002, 信用卡, 3

```
6222021302020000016, 储蓄卡, 3
6222021302020000003, 信用卡, 5
6222021302020000004, 信用卡, 7
6222021302020000013, 储蓄卡, 7
6222021302020000005, 信用卡, 9
```

② 更新数据后,查询表 bank_card 中的所有记录。代码如下。

```
# 修改/更新数据
UPDATE bank_card INNER JOIN client ON bank_card.b_c_id = client.c_id SET bank_card.b_type='借记卡' WHERE bank_card.b_c_id<10;
# 重新查询数据
SELECT * FROM bank_card ORDER BY b_c_id;
```

结果如下。

```
# b_number, b_type, b_c_id
6222021302020000001, 借记卡, 1
6222021302020000002, 借记卡, 3
6222021302020000016, 借记卡, 3
6222021302020000003, 借记卡, 5
6222021302020000004, 借记卡, 7
6222021302020000013, 借记卡, 7
6222021302020000005, 借记卡, 9
6222021302020000006, 信用卡, 10
6222021302020000007, 信用卡, 12
6222021302020000019, 储蓄卡, 12
6222021302020000008, 信用卡, 14
6222021302020000009, 信用卡, 16
6222021302020000010, 信用卡, 18
6222021302020000011, 储蓄卡, 19
6222021302020000012, 储蓄卡, 21
6222021302020000014, 储蓄卡, 23
6222021302020000015, 储蓄卡, 24
6222021302020000017, 储蓄卡, 26
6222021302020000018, 储蓄卡, 27
6222021302020000020, 储蓄卡, 29
```

（2）删除指定数据：删除基金信息表 fund 中基金编号 f_id 小于 3 的记录。步骤如下。

① 查询表 fund 中的所有记录。代码如下。

```
# 删除前查询结果
SELECT * FROM fund;
```

结果如下。

```
# f_name, f_id, f_type, f_amount, risk_level, f_manager
股票, 1, 股票型, 10000, 高, 1
投资, 2, 债券型, 10000, 中, 2
国债, 3, 货币型, 10000, 低, 3
沪深 300 指数, 4, 指数型, 10000, 中, 4
```

② 删除数据并查询表 fund 中的所有记录。代码如下。

```
# 删除数据
DELETE FROM fund WHERE f_id<3;
# 查询删除结果
SELECT * FROM fund;
```

结果如下。

```
# f_name, f_id, f_type, f_amount, risk_level, f_manager
国债, 3, 货币型, 10000, 低, 3
沪深 300 指数, 4, 指数型, 10000, 中, 4
```

4.5.6 触发器和存储过程的使用

1. 触发器的使用

在 DAS 中创建一个触发器，可实现用户每次更新密码触发器都会自动记录用户更改密码的信息，并将其插入表 update_password_log。

（1）创建表 update_password_log，如图 4-32 所示。

图 4-32 创建表 update_password_log

图 4-32 所示的代码如下。

```
CREATE TABLE update_password_log (
```

```
    c_id INT,
    new_password CHAR(30),
    date DATETIME
);
```

（2）在 DAS 中创建一个触发器 update_log，以实现用户每次更新密码触发器就自动记录用户更改密码的信息，并将信息插入表 update_password_log，如图 4-33 所示。

图 4-33　创建触发器

创建触发器的代码如下。

```
DROP TRIGGER IF EXISTS update_log;

CREATE TRIGGER update_log
    AFTER UPDATE
    ON client
    FOR EACH ROW
INSERT INTO update_password_log (c_id, new_password, date)
VALUES (NEW.c_id, NEW.c_password, NOW());
```

（3）创建 ChangePassword 类，编写修改用户密码的代码。代码如下。

```
import java.sql.*;
public class ChangePassword {
    public static void main(String[] args) throws ClassNotFoundException, SQLException {

            //配置信息
            String url = "jdbc:mysql://数据库链接地址:3306/数据库名称?useUnicode=true&characterEncoding=utf-8&useSSL=false&&serverTimezone=Asia/Shanghai";
            String username = "数据库连接账号";
```

```
            String password = "数据库连接密码";

            //1.加载驱动
            Class.forName("com.mysql.cj.jdbc.Driver");
            //2.连接数据库
            Connection connection = DriverManager.getConnection(url, username,
password);
            //更新密码
            String sql = "UPDATE client SET client.c_password='12306' WHERE
c_id=7";
            PreparedStatement pstmt = null;
            pstmt = connection.prepareStatement(sql);
            //执行 sql 修改操作
            pstmt.executeUpdate();
        }
    }
```

（4）测试结果如下。

client 表中客户编号为 7 的客户登录密码改为了 123456，如图 4-34 所示。

	c_id	c_name	c_mail	c_id_card	c_phone	c_password
1	1	张一	zhangyi@huawei.com	340211199301010001	18815650001	gaussdb_001
2	2	张二	zhanger@huawei.com	340211199301010002	18815650002	gaussdb_002
3	3	张三	zhangsan@huawei.com	340211199301010003	18815650003	gaussdb_003
4	4	张四	zhangsi@huawei.com	340211199301010004	18815650004	gaussdb_004
5	5	张五	zhangwu@huawei.com	340211199301010005	18815650005	gaussdb_005
6	6	张六	zhangliu@huawei.com	340211199301010006	18815650006	gaussdb_006
7	7	张七	zhangqi@huawei.com	340211199301010007	18815650007	12306
8	8	张八	zhangba@huawei.com	340211199301010008	18815650008	gaussdb_008

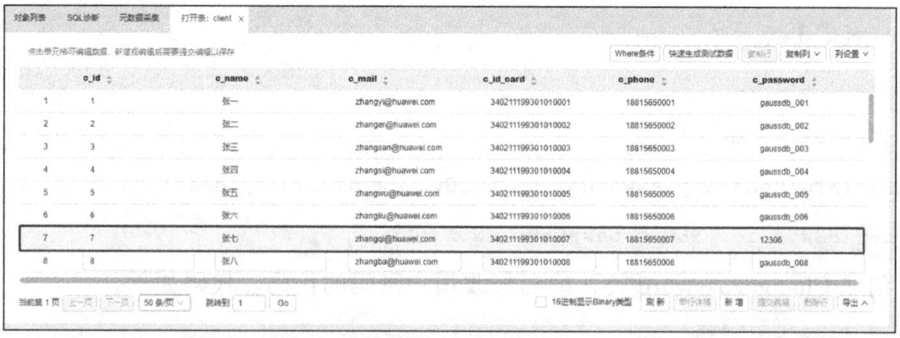

图 4-34 运行结果 1

update_password_log 表中自动插入了一条新数据，如图 4-35 所示。

	c_id	new_password	date
1	7	12306	2020-09-18 09:03:31

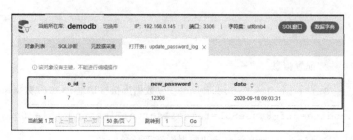

图 4-35 运行结果 2

2. 存储过程的使用

（1）在 DAS 中创建一个存储过程，用来获取所有的客户信息，如图 4-36 所示。

图 4-36　创建存储过程

图 4-36 所示的代码如下。

```
CREATE PROCEDURE 'findAllClient' ()
SELECT *
FROM client;
```

（2）创建 FindAllClientsByProcedure 类，编写调用存储过程的代码。代码如下。

```
import java.sql.*;

public class FindAllClientsByProcedure {
    public static void main(String[] args) throws SQLException,
ClassNotFoundException {
        //配置信息
        String url = "jdbc:mysql://数据库链接地址:3306/数据库名称?useUnicode=true&characterEncoding=utf-8&useSSL=false";
        String username = "数据库连接账号";
        String password = "数据库链接地址";

        //1.加载驱动
        Class.forName("com.mysql.cj.jdbc.Driver");
        //2.连接数据库
        Connection connection = DriverManager.getConnection(url, username,
```

```java
password);
                //更新密码
                CallableStatement cs = connection.prepareCall("{call findAllClient()}");
                ResultSet resultSet = cs.executeQuery();
                while (resultSet.next()) {
                    System.out.println(resultSet.getInt("c_id"));
                    System.out.println(resultSet.getString("c_id_card"));;
                    System.out.println(resultSet.getString("c_name"));;
                    System.out.println(resultSet.getString("c_mail"));;
                    System.out.println(resultSet.getString("c_password"));;
                    System.out.println(resultSet.getString("c_phone"));;
                }
            }
        }
```

（3）运行结果如下，输出所有客户信息，如图 4-37 所示。

```
4 340211199301010004 张四 zhangsi@huawei.com gaussdb_004 18815650004
5 340211199301010005 张五 zhangwu@huawei.com gaussdb_005 18815650005
6 340211199301010006 张六 zhangliu@huawei.com gaussdb_006 18815650006
7 340211199301010007 张七 zhangqi@huawei.com gaussdb_007 18815650007
8 340211199301010008 张八 zhangba@huawei.com gaussdb_008 18815650008
9 340211199301010009 张九 zhangjiu@huawei.com gaussdb_009 18815650009
10 340211199301010010 李一 liyi@huawei.com gaussdb_010 18815650010
11 340211199301010011 李二 lier@huawei.com gaussdb_011 18815650011
12 340211199301010012 李三 lisan@huawei.com gaussdb_012 18815650012
13 340211199301010013 李四 lisi@huawei.com gaussdb_013 18815650013
14 340211199301010014 李五 liwu@huawei.com gaussdb_014 18815650014
15 340211199301010015 李六 liliu@huawei.com gaussdb_015 18815650015
16 340211199301010016 李七 liqi@huawei.com gaussdb_016 18815650016
17 340211199301010017 李八 liba@huawei.com gaussdb_017 18815650017
18 340211199301010018 李九 lijiu@huawei.com gaussdb_018 18815650018
19 340211199301010019 赵一 zhaoyi@huawei.com gaussdb_019 18815650019
20 340211199301010020 赵二 zhaoer@huawei.com gaussdb_020 18815650020
21 340211199301010021 赵三 zhaosan@huawei.com gaussdb_021 18815650021
22 340211199301010022 赵四 zhaosi@huawei.com gaussdb_022 18815650022
23 340211199301010023 赵五 zhaowu@huawei.com gaussdb_023 18815650023
24 340211199301010024 赵六 zhaoliu@huawei.com gaussdb_024 18815650024
25 340211199301010025 赵七 zhaoqi@huawei.com gaussdb_025 18815650025
26 340211199301010026 赵八 zhaoba@huawei.com gaussdb_026 18815650026
27 340211199301010027 赵九 zhaojiu@huawei.com gaussdb_027 18815650027
28 340211199301010028 钱一 qianyi@huawei.com gaussdb_028 18815650028
29 340211199301010029 钱二 qianer@huawei.com gaussdb_029 18815650029
30 340211199301010030 钱三 qiansan@huawei.com gaussdb_030 18815650030

Process finished with exit code 0
```

图 4-37　运行结果

4.6 新用户的创建和授权

前面的实验由浅层到深层向读者介绍了数据库的相关操作，但是 B 校的学校数据库和 C 银行的金融数据库都属于 root 用户。当新用户想要访问 root 用户中的表时，需要 root 用户给新用户授权。

在本节中，假设 B 学校的某新教师想要访问 root 用户下的学校数据库，则该教师需要向 root 用户申请相关权限，具体操作如下。

4.6.1 创建新用户并授权

（1）连接数据库后，进入 SQL 命令页面。创建用户 dbuser，将密码设为 Huawei_123。代码如下。

```
CREATE USER 'dbuser'@'%' IDENTIFIED BY 'Huawei_123';
```

（2）给用户 dbuser 授予权限。代码如下。

```
GRANT SELECT, INSERT ON school.* TO 'dbuser'@'%';
flush privileges;
```

4.6.2 新用户连接数据库

（1）在 DAS 的登录数据库页面中使用新用户连接数据库，如图 4-38 所示。

图 4-38 使用新用户连接数据库

修改用户名为 dbuser，密码为 Huawei_123。单击"登录"按钮，此时数据库列表中只有 school 数据库，如图 4-39 所示。

图 4-39 登录成功

(2) 访问 school 数据库的表 class。

进入 school 数据库,并在 SQL 编辑框中输入如下 SQL 语句。

```
SELECT * FROM school.class WHERE cla_id < 10;
```

结果如下。

```
# cla_id, cla_name, cla_teacher
1, 计算机, 1
2, 自动化, 3
3, 飞行器设计, 5
4, 大学物理, 7
5, 高等数学, 9
6, 大学化学, 12
7, 表演, 14
8, 服装设计, 16
9, 工业设计, 18
```

4.7 实验小结

本实验通过 E-R 图加深了读者对数据库的理解和对数据库设计知识的掌握,通过与 SQL 语句的联系,使读者熟练掌握了 SQL 语法。